Olarinde Olaniran
Adetuyi Clement Fatusa
Omoya Funmi O.

Estudo antimalárico e antibacteriano de extractos de folhas de Moringa Oleifera

AF625251

ScienciaScripts

Imprint

Cover image: www.ingimage.com

This book is a translation from the original published under ISBN 978-620-2-01431-1.

Publisher:
Sciencia Scripts
is a trademark of
Dodo Books Indian Ocean Ltd. and OmniScriptum S.R.L publishing group

120 High Road, East Finchley, London, N2 9ED, United Kingdom
Str. Armeneasca 28/1, office 1, Chisinau MD-2012, Republic of Moldova, Europe
Printed at: see last page
ISBN: 978-620-7-68546-2

Olarinde Olaniran
Adetuyi Clement Fatusa
Omoya Funmi O.

Estudo antimalárico e antibacteriano de extractos de folhas de Moringa Oleifera

ÍNDICE DE CONTEÚDOS

DEDICAÇÃO

Este trabalho de investigação é dedicado a Deus Todo-Poderoso, pai de Nosso Senhor Jesus Cristo, e também à minha adorável esposa pelo seu apoio em todas as ramificações.

AGRADECIMENTOS

Com um coração agradecido e um espírito alegre, agradeço a Deus Todo-Poderoso pela Sua ajuda durante todo o período deste projeto. Reconheço também o profundo interesse, o apoio e a contribuição inestimável do meu supervisor, o Professor F. C Adetuyi e da co-orientadora, a Dra. (Sra.) F. Omoya. Um agradecimento especial ao Chefe do Departamento, Professor B. Boboye, e a todo o pessoal técnico do Departamento pela sua contribuição incomensurável para o sucesso deste projeto. Agradeço o apoio, a contribuição, o encorajamento e a contribuição financeira da minha mulher e do meu filho, cuja ajuda me levou até ao fim. Finalmente, a minha gratidão e o meu sincero apreço vão para os meus colegas e amigos, o Senhor abençoe e faça brilhar o seu rosto sobre todos vós (Amen)

RESUMO

A resistência antimicrobiana tornou-se um problema global e as estratégias para melhorar a situação atual necessitam de encontrar agentes antimicrobianos novos e inovadores. Foram adquiridos 40 ratos albinos aparentemente saudáveis de ambos os sexos, pesando entre 19 kg e 27 kg, com 2 a 3 semanas de idade, e as várias concentrações dos extractos das folhas de *Moringa oleifera* foram utilizadas para tratar a malária em ratos infectados com *Plasmodium*. Os ratos de controlo negativo tiveram a contagem média de parasitemia de 57.750±233475/µl de sangue, enquanto a cloroquina teve uma contagem média de parasitemia de 18.025±9813,35/µl de sangue. No extrato aquoso, 100mg teve a maior contagem de parasitemia de 23.939±23347,5^l de sangue, enquanto 800mg teve (3.305±843,6^l de sangue), o extrato etanólico teve a contagem de parasitemia para 100mg a ser 21.413±6662,56^l de sangue, e 800mg (1.264±620Uµl de sangue), a maior supressão percentual para o extrato aquoso é 800mg (94.30%) enquanto o extrato de etanol é 800mg (68,80%) e o ED50 e ED90 para os extractos de água e etanol são 216,80 α475,58 e 252,46 α 426,60 respetivamente, o PCV médio mais elevado foi registado em 800mg (33,0±1,22), a contagem de glóbulos brancos 400mg (3.725±923.20), contagem de neutrófilos 100mg (24,8±7±,65) e contagem de linfócitos 400mg (87,5±1,85), os extractos de etanol registaram o PCV mais elevado em 200mg, glóbulos brancos 100mg (14 000±9453,4), contagem de neutrófilos 400mg (12,8±2,02) e contagem de linfócitos 800mg (91,5±2.22), a ALT mais elevada no extrato aquoso ocorreu em 400 mg (174iu/L) e a AST em 400 mg (94iu/L), o extrato etanólico teve a ALT mais elevada em 800 mg (180iu/L), as amostras histológicas do rim de ratinhos mostraram que existe um glomérulo aumentado a 800 mg do extrato com necrose e inflamação no fígado. A atividade antimicrobiana dos extractos em isolados clínicos mostrou que o extrato aquoso 800mg/ml tinha a zona de inibição mais elevada de 6mm na *Escherichia coli*, 19mm contra *Staphylococcus aureus*, 18mm contra *Proteus mirabilis* e 14mm contra *Escherichia coli,* os extractos etanólicos 800mg/ml tinham a zona de inibição mais elevada de 8mm contra *Salmonella typhii*. O rastreio fitoquímico mostrou que tanto os extractos de água como os de etanol continham flavonóides, taninos, glicosídeos, terpenóides e saponinas, com a ausência de alcalóides na água, enquanto o açúcar redutor estava ausente em ambos. Em conclusão, ambos os extractos das folhas de *Moringa oleifera* têm efeitos supressores sobre o *Plasmodium berghei* e efeito antibacteriano, exibiram atividade antipirética com um glomérulo aumentado das células do rim e do fígado, o que pode ser o resultado do efeito toxicológico dos extractos

CAPÍTULO UM

1.0 INTRODUÇÃO

A história da relação entre o homem e as plantas é tão antiga como a história da criação do mundo. O homem utilizou as plantas para diferentes objectivos, por exemplo, alimentação e medicamentos. Atualmente, o homem é capaz de classificar as plantas em plantas alimentares e plantas medicinais. Nesta dispensação, o homem descobriu que a solução para o seu problema de saúde vem da natureza, daí a necessidade de voltar à natureza e procurar a solução. Na Nigéria, particularmente na parte sudeste, os estudos sobre os efeitos dos extractos de ervas nos parasitas da malária têm sido mínimos, enquanto a enormidade do fardo da malária (OMS, 1997), particularmente a resistência aos medicamentos antipalúdicos, exige um nível proporcional de estudos para a descoberta de novos e potentes medicamentos antipalúdicos para combater este fardo (Peters, 1998). A malária é uma doença infecciosa tropical, transmitida por vectores, causada por protozoários parasitas do género *Plasmodium* e transportada por mosquitos infectados do género *Anopheles*. A malária infecta os seres humanos há mais de 50.000 anos e pode ter sido um agente patogénico humano durante toda a história da nossa vida (Snow, 2005). Existem quatro espécies de parasitas da malária que afectam os seres humanos. São elas o *Plasmodium falciparum*, que causa a malária terçã maligna, *o Plasmodium vivax* e *o Plasmodium ovale*, que causam a malária terçã benigna, e *o Plasmodium malariae*, responsável pela malária quartã. O sintoma clássico da malária é a ocorrência cíclica de frio súbito seguido de rigor e depois de febre e suores que duram quatro a seis horas. Este sintoma ocorre de dois em dois dias nas infecções por *P. vivax* e *P. ovale*, ao passo que nas infecções por *P. malariae* ocorre de três em três dias. Os sinais e sintomas são causados pela presença dos estádios eritrocíticos do parasita na circulação sanguínea. Em todas as outras formas de malária, existe uma infeção adicional persistente no fígado (a forma extra-eritrocítica), que é o fator responsável pelas recaídas. O quadro clínico é de rigores recorrentes, anemia, toxemia e esplenomegalia. (Blacklock 1990).

A resistência antibacteriana tornou-se um problema global e as estratégias para melhorar a situação atual exigem a descoberta de antibacterianos novos e inovadores (antibióticos), embora os agentes quimioterapêuticos tenham sido úteis no controlo de muitas infecções, mas exigem uma utilização judiciosa para minimizar a incidência de resistência. Aproximadamente 20% das plantas são fontes de um número substancial de antibióticos naturais ou semi-sintéticos no mercado. Nos países em desenvolvimento, devido ao custo de uma grande proporção da população, utilizam-se plantas medicinais para o tratamento de doenças infecciosas e tem-se feito muita investigação em todo o mundo para identificar e estudar os compostos antibacterianos presentes nas plantas medicinais. De acordo com Fahey (2005), são necessários estudos que utilizem óleos essenciais ou compostos isolados como alcalóides, flavonóides, sesquiterpenos, lactonas, diterpenos, triterpenos e naftoquinonas para testar os efeitos antibacterianos, a fim de validar a utilização de uma série de medicamentos populares. A árvore Moringa (*Moringa oleifera*), uma planta fanerogâmica originária da Índia, tem sido objeto de um estudo aprofundado devido às suas múltiplas utilizações como matéria-prima na produção de óleos, alimentos, condimentos e medicamentos. Estudos revelaram propriedades anti-inflamatórias, antifúngicas, procoagulantes, floculantes e antibacterianas promissoras de diferentes partes da planta. (Dolly *et al.*, 2009).

JUSTIFICAÇÃO

- Foram descobertos e utilizados muitos medicamentos no tratamento da malária e das infecções bacterianas, mas existem desafios actuais que exigem a procura de terapias alternativas, tais como

- resistência dos agentes patogénicos bacterianos e dos parasitas da malária aos medicamentos quimioterapêuticos.

- o elevado custo de aquisição do medicamento.

OBJECTIVOS ESPECÍFICOS DA INVESTIGAÇÃO:

Os objectivos específicos desta investigação são os seguintes

(a) determinar a atividade antibacteriana e antimalárica do extrato de folhas de *Moringa oleifera* contra bactérias seleccionadas de importância médica e *Plasmodium berghei*

(b) avaliar os fitoquímicos presentes no extrato de folhas e,

(c) avaliar o efeito toxicológico do extrato sobre os parâmetros heamatológicos, bioquímicos e histológicos dos ratos

CONTRIBUIÇÃO DA INVESTIGAÇÃO PARA O CONHECIMENTO

Espera-se que este estudo forneça informações sobre o componente biológico ativo, o seu potencial antimalárico e antibacteriano.

CAPÍTULO DOIS

2.0 REVISÃO DA LITERATURA

Moringa oleifera é uma das 14 espécies da família Moringaceae, nativa da Índia, África, Arábia, Sul da Ásia, América do Sul e Ilhas do Pacífico e das Caraíbas, naturalizada em muitas regiões tropicais e subtropicais em todo o mundo, a planta é referida com uma série de nomes como árvore de rábano, árvore de baqueta, árvore de óleo ben, árvore milagrosa e "Melhor amigo das mães, É uma árvore de pequeno ou médio porte, com cerca de 10m de altura, encontrada no trato sub-Himalaio. *A Moringa oleifera* é uma árvore pequena, de crescimento rápido, de folha perene ou caducifólia, que geralmente cresce até 10 a 12 m de altura, com uma copa aberta de ramos frágeis e caídos, folhagem emplumada de folhas inatas e casca espessa, cortiça e esbranquiçada. *A Moringa oleifera (*Lam) é utilizada como um vegetal altamente nutritivo em muitos países. As suas folhas jovens, flores, sementes e vagens tenras são comummente consumidas e têm algumas propriedades medicinais. (Roloff *et al.*, 2009).

Uma análise simples efectuada pela Agência de Investigação e Desenvolvimento de Matérias-Primas (RMRDC), uma agência do Ministério Federal da Ciência e Tecnologia, mostra que as folhas de Moringa contêm: 7 vezes a vitamina C das laranjas, 4 vezes o cálcio do leite, 4 vezes a vitamina A das cenouras, 2 vezes a proteína do leite, 3 vezes o potássio das bananas (Roloff *et al.*, 2009).

A planta é uma planta bem documentada e mundialmente conhecida pelas suas extraordinárias propriedades nutricionais e medicinais. É um anti-helmíntico natural, um antibiótico, um desintoxicante, um excelente fortalecedor do sistema imunitário e é utilizada em muitos países para tratar a malnutrição e a malária. Também é utilizado na purificação da água e, por conseguinte, ajuda a reduzir a incidência de doenças transmitidas pela água (Marcu, 2004). Estudos científicos demonstraram que contém antioxidantes específicos e ingredientes promotores de saúde que oferecem paliativos para a malnutrição, a fome e as doenças.

A Moringa é rica em muitas vitaminas, incluindo a Vitamina A, várias formas de Vitamina B, Vitamina C, Vitamina D e Vitamina E. De facto, tem mais destas vitaminas do que uma variedade de alimentos que todos afirmam ser excelentes fontes delas, tais como cenouras, laranjas e leite. Estas vitaminas proporcionam uma série de benefícios reconhecidos para a saúde. (Fahey, 2005).

Alguns benefícios específicos das folhas de Moringa incluem a presença de Proteína. Há também duas vezes mais cálcio nas folhas do que no leite, assim como o ferro é encontrado em grandes quantidades. De facto, há três vezes mais ferro nesta planta do que nos espinafres. Juntamente com estes nutrientes específicos, as folhas podem ser consumidas para estimular o seu metabolismo, ajudando assim na perda de peso. Isto é possível porque a Moringa fornece energia sem açúcar. As folhas também podem ser usadas para embelezar a sua pele, por isso são normalmente tomadas como suplemento por mulheres que procuram uma pele mais saudável. As sementes de Moringa contêm ferro, tal como as folhas, aminoácidos e propriedades anti-inflamatórias e anti-sépticas. Ferimentos ligeiros como nódoas negras, cortes ou queimaduras curam mais rapidamente com suplementos de Moringa. Para além destes benefícios específicos para a saúde, colocar as sementes em água suja torna a água potável. (Fahey 2005).

2.1 **Benefícios e eficácia das folhas de Moringa**

Outros benefícios das folhas da planta são:

Aumenta o metabolismo, a estrutura celular do corpo, refresca os olhos e o cérebro, melhora o colesterol sérico, aumenta a função normal do fígado e dos rins e a energia. Os antioxidantes da planta são benéficos para a beleza e suportam o nível normal de açúcar do corpo, é também um anti-inflamatório e ajuda a digestão.

2.2 Efeitos secundários e *precauções especiais e avisos* sobre Moringa.

As folhas, frutos e sementes da Moringa podem ser seguros quando ingeridos como alimento. No entanto, é importante evitar comer a raiz e beber os seus extractos. Estas partes da planta podem conter uma substância tóxica que pode causar paralisia e morte. Não há informações suficientes para saber se a Moringa é segura quando usada em quantidades medicinais. (Preixoto *et al*., 2011), Gravidez e amamentação: Não é seguro usar Moringa na gravidez. Os produtos químicos na raiz, casca e flores podem fazer o útero contrair, e isso pode causar um aborto espontâneo. Também é melhor evitar a Moringa durante a amamentação. Não há informação suficiente para saber se é seguro para um bebé em amamentação. A Moringa pode ter efeitos colaterais que se manifestam quando você a toma de forma errada (Mashiar *et al*., 2011). A Moringa não deve ser tomada em quantidades não medidas, pois não é uma bala de prata, é um alimento e é potente. (Olson *et al*.,2001).

2.21 Reflexo de vómito / Vómitos

Náuseas: Se a Moringa lhe provoca náuseas, está a tomar demasiado, reduza a sua dose substancialmente e aumente mais lentamente, ou distribua a sua dose por três refeições. (Olson *et al.*, 2001).

2.22 Diarreia:

A moringa é muito potente. Tomada pura com o estômago vazio, actua como um laxante. Se a sua constituição for fraca, tome a sua dose diária ao longo de várias refeições e tome-a com comida. Uma dose repentina de potência pode sobrecarregar o estômago (Adedapo *et al.*, 2009).

2.23 Azia:

Se a moringa for tomada pura com água, ou com muito pouco mais para misturar, pode causar uma sensação semelhante à azia. Se isto acontecer consigo, misture-a com algo mais espesso, ou tome-a com comida. (Dolly *et al.*, 2009)

MALÁRIA

A malária é uma das doenças infecciosas parasitárias mais comuns que afectam a humanidade. É causada por esporozoários do género Plasmodium. A malária está disseminada nas regiões tropicais e subtropicais, incluindo partes das Américas, Ásia e África (Snow, 2005). Todos os anos, causa doença em cerca de 515 milhões de pessoas e mata entre um e três milhões de pessoas, a maioria das quais são crianças pequenas na

África Subsariana (Snow 2005). A malária provoca mais de um milhão de mortes entre os 300 milhões de casos registados anualmente em todo o mundo. Cerca de 90% destas mortes ocorrem em África, sobretudo em crianças pequenas. O paludismo é a principal causa de mortalidade em África em crianças com menos de 5 anos (20%) e constitui 10% do fardo global de doenças do continente. É responsável por 40% das despesas de saúde pública, 30-50% dos internamentos e até 50% das consultas externas em zonas com elevada transmissão de malária. (Owotade *et al.*, 2005).

Na Nigéria, a malária tem uma elevada taxa de morbilidade e mortalidade em crianças e mulheres grávidas. (Oniyangi, 2006). Em indivíduos não imunes, por exemplo (indivíduos com VIH), a infeção por um *Plasmodium falciparum* em qualquer idade conduz a doenças clínicas associadas a uma elevada taxa de mortalidade se não for tratada (Jelmek *et al.*, 1999). Por várias razões, o paludismo continua a ser um problema crescente em África. O fator-chave é a resistência generalizada do *Plasmodium falciparum* aos medicamentos antipalúdicos convencionais, como a cloroquina, a mefloquina, a sulfadoxina-pirimetamina (SP) e a amodiaquina. Globalmente, calcula-se que a malária custe à África mais de 12 mil milhões de dólares por ano, apesar de poder ser controlada por uma fração deste montante. É a causa mais comum de pirexia em muitas partes dos trópicos. Trata-se de uma doença grave que afecta diretamente centenas de milhões de pessoas. No entanto, é evitável e quase sempre curável. Nos seres humanos, a malária é causada pelo *Plasmodium falciparum, Plasmodium malariae, Plasmodium ovale e Plasmodium vivax. O Plasmodium falciparum* é a causa mais comum de infeção e é responsável por cerca de 80% de todos os casos de malária, sendo também responsável por cerca de 90% das mortes por malária (Mendis, 2011)

O vetor do parasita da malária é a fêmea do mosquito Anopheles, de que existem muitas espécies. A que entra mais facilmente nas habitações humanas em África é o Anopheles gambiae (Bruce-Chwatt, 1998).3 323 No ciclo de vida dos parasitas da malária, há uma fase de esquizogonia assexuada que ocorre nos tecidos do homem (células do parênquima do fígado) e no sangue, uma fase de esporogonia assexuada que ocorre e termina no mosquito depois de retirar os gametócitos do sangue humano. A saliva do mosquito anófeles infetado contém os esporoítos, que constituem a fase final do desenvolvimento do parasita da malária no corpo do mosquito. Os esporozoítos são injectados nas correntes sanguíneas humanas e depois entram nas células do parênquima do fígado. O período de incubação no fígado varia de 6 a 14 dias. As células hepáticas infectadas rompem-se e os pigmentos merozoítos dos parasitas são libertados na circulação. Alguns deles penetram nos glóbulos vermelhos e outros reentram noutras células do fígado (Cogswell, 1972).

2.5 ANTECEDENTES HISTÓRICOS

O termo malária tem origem no italiano medieval: MALA - RIA; "AR RUIM" e a doença era antigamente chamada febre da arga ou do pântano devido à sua associação com os pântanos (uma suposição errada). O protozoário foi chamado Plasmodium pelos cientistas italianos Ettore Marchiafava e Angelo Celli. Um ano mais tarde, Carlos Finlay, um médico cubano que tratava doentes com febre-amarela em Havana, sugeriu pela primeira vez que os mosquitos estavam a transmitir a doença de e para os seres humanos. No entanto, foi Sir Ronald Ross, cirurgião do exército britânico, a trabalhar na Índia, que acabou por provar, em 1998, que a malária é transmitida por mosquitos. Conseguiu-o demonstrando que certas espécies de mosquitos transmitem a malária às aves e isolando os parasitas da malária das glândulas salivares dos mosquitos que se tinham alimentado de aves infectadas. Além disso, os trabalhos de investigação realizados nos anos seguintes mostram que, quando um mosquito pica uma pessoa ou um hospedeiro infetado com malária, aspira o sangue que contém os parasitas da malária e injeta-o na corrente sanguínea, transmitindo assim a malária de uma pessoa para outra. Os insectos não são afectados pelo parasita. (Escalante, 1998).

2.6 DISTRIBUIÇÃO

A distribuição geográfica do paludismo em grandes regiões é complexa e as zonas livres de paludismo e as zonas com paludismo encontram-se frequentemente próximas umas das outras (Green wood 2002). Atualmente, o paludismo é endémico numa vasta faixa à volta do equador, em zonas das Américas, em muitas partes da Ásia e em grande parte da África. No entanto, é na África subsariana que ocorrem 85 a 90% das mortes por paludismo (Grimwade *et al.,* 2004). Em zonas mais secas, os surtos de paludismo podem ser previstos com razoável exatidão através da cartografia da precipitação (Grover - kopec, 2005). Por exemplo, as cidades do Vietname, Laos e Camboja estão essencialmente livres de paludismo, mas a doença está presente em muitas regiões rurais. Em contrapartida, em África, o paludismo está presente tanto nas zonas rurais como nas urbanas, embora o risco seja menor nas grandes cidades (Breman, 2001).

Estudos clínicos mostram uma sobreposição substancial entre a distribuição da malária e a frequência do alelo falciforme (Layne, 2007). A cintura da malária estende-se pelo sul do Mediterrâneo, África sub-sahariana, Médio Oriente, Índia, sudeste e ilhas do sudeste asiático e norte da Austrália; o alelo S. excede uma frequência de 10% e apenas em África (Trampu, 2003).

2.61 *Plasmodium vivax*

Até à erradicação bem sucedida nos Estados Unidos, na Europa e em algumas outras zonas, *a P. vivax* tinha uma distribuição quase mundial entre os verões a 16° e 20° sul. As infecções por Vivax são mais comuns nas regiões temperadas do que nas regiões tropicais do norte. Em alguns países africanos, os habitantes locais parecem ter sempre uma forte imunidade ao paludismo Vivax. Este Plasmodium não é geralmente encontrado na maioria das zonas entre o Congo e a Mauritânia, que continuam a ser altamente maléficas (Kain *et al.,* 1999).

2.62 *Plasmodium ovale*

Esta doença é muito comum no Gana. Também foi encontrada em soldados da África Oriental em 1918. É a menos comum das espécies que infectam o homem. É endémica na Etiópia.

2.63 *Plasmodium malariae*

É comum na África tropical, na Birmânia, no Ceilão e em partes da Índia. É proeminente em certas zonas da Malásia e da Indonésia. No passado, esta espécie era indígena mas não comum em toda a Europa. A sua incidência na América do Norte foi irregular e tem sido bastante invulgar na América do Sul.

2.64 *Plasmodium falciparum*

Encontra-se principalmente nas regiões mais quentes e húmidas do mundo. É a principal espécie encontrada na África tropical e subtropical e em partes da América Central, Bangladesh, Paquistão, Afeganistão, Nepal, Sri Lanka, Sudeste Asiático, Indonésia, Filipinas, Haiti, Ilhas Salomão, Papua. Nova Guiné e muitas ilhas da Melanésia. Também ocorre em partes da Índia (Cheesbrough, 1992).

2.65 EPIDEMIOLOGIA

Da população mundial estimada em cerca de 2,7 mil milhões de pessoas (excluindo a China continental, a Coreia do Norte e o Vietname do Norte), cerca de 1,7 mil milhões residem em zonas que, em 1920 e antes, estavam sujeitas à endemia do paludismo. Em 31 de dezembro de 1967, mais de mil milhões de pessoas (aproximadamente 1.009.473.000) viviam em zonas onde o paludismo foi erradicado ou onde a erradicação parecia estar completa. Estas incluem os EUA, a URSS, a Europa (exceto a Grécia e a Turquia), Chipre, Israel, Líbano, Austrália, Japão, Hong Kong, China, Taiwan e Singapura. Calcula-se que cerca de 80% dos casos de paludismo e 90 a 95% das mortes relacionadas com o paludismo no mundo ocorram em África. Em algumas zonas da África sub-hariana, as pessoas recebem 200 a 300 picadas infecciosas por ano. As taxas efectivas de incidência e mortalidade do paludismo na Nigéria são desconhecidas devido a relatórios incompletos. No entanto, os dados disponíveis indicam que o paludismo é a causa mais frequente de doentes que visitam os hospitais nigerianos (Molineaux, 1980).

O paludismo encontra-se sistematicamente entre as cinco mortes de crianças com menos de cinco anos de idade. As estimativas indicam que cerca de 50% da população sofre pelo menos um episódio de paludismo por ano (Ministério Federal da Saúde, 1989). A endemicidade do paludismo na Nigéria pode ser ainda mais realçada pela recente decisão do governo federal de lançar uma campanha antipalúdica intitulada "ROLL BACK MALARIA", a ser executada em três fases: preventiva, curativa e de investigação. O aspeto preventivo envolve uma campanha de esclarecimento sobre a higiene pessoal e a fumigação de focos de reprodução de mosquitos. A nível curativo, o governo estatal deu instruções às instituições de saúde para tratarem os doentes com malária e disponibilizarem os medicamentos gratuitamente aos doentes (Ministério Federal da Saúde, 1989).

2.66TRANSMISSÃO

2.81 HOMEM, O DOADOR

O homem é a principal fonte de infeção do mosquito com o paludismo humano, embora na África Central e na Malásia tenha sido demonstrada a possibilidade de infecções humanas derivadas de chimpanzés ou macacos (Escalante, 1998). O homem pode infetar o homem com o parasita da malária na ausência do mosquito vetor quando é transfundido sangue contendo trofozoítos eritrocíticos. Para ser infecioso para os mosquitos, o homem deve ser acessível aos mosquitos vectores e deve ter gametócitos da malária no seu sangue periférico. Os gametócitos aparecem no sangue alguns dias depois de os primeiros trofozoítos serem observados nos glóbulos vermelhos, sendo o intervalo de tempo geralmente de 3 a 5 dias no *P. vivax*, 2 a 6 dias no *P. ovale*, 10 a 14 dias no *P. malariae* e 8 a 11 dias no *P. falciparum*. Ocasionalmente, os gametócitos aparecem antes do início dos sintomas. O número, a idade, a distribuição por sexo e a qualidade dos gametócitos influenciam a infecciosidade do sangue para os mosquitos. Verificou-se que, para infetar mosquitos Anopheles, o sangue periférico deve conter pelo menos 1 gametócito de *P. falciparum* para 200 leucócitos, 1 gametócito de *P. vivax* para 1000 leucócitos e 1 gametócito de *P. malariae* para 330 leucócitos. Também foi observado que quando há mais macrogametócitos, menos mosquitos são infectados (Cogswell, 1999). Os gametócitos jovens e os que estão demasiado maduros não se desenvolvem nos mosquitos. Finalmente, parece haver variações na qualidade dos gametócitos, de modo que alguns indivíduos portadores de gametócitos são "maus infectadores" e outros "bons infectadores". Os gametócitos aparecem e desaparecem no sangue periférico sem razão aparente e, por vezes, subitamente. O principal banco de sementes ou de gametócitos de uma zona situa-se frequentemente na zona mais pobre, onde o tratamento do paludismo é menos satisfatório, e os principais portadores são crianças de 1 a 4 anos que podem não apresentar sintomas de doença aguda, embora tenham geralmente o baço aumentado.

2.82 MOSQUITO COMO O VECTOR

Os únicos vectores naturais são as fêmeas de certas espécies do género Anopheles. Os vectores primários são *A. gambiae*, enquanto *A. arebiensis* e *A. pharonesis* são os vectores secundários. Os factores que afectam a distribuição e a abundância sazonal dos vectores anófeles incluem a temperatura, a precipitação e as características físicas do terreno. Na África Ocidental, os microhabitats de reprodução de larvas que são utilizados pelos mosquitos anopheline tendem a ser abundantes durante a estação das chuvas, com cerca de 850.000 km de terreno sujeito a humidade excessiva e contendo solo com drenagem impedida. Sabe-se também que os mosquitos anopheline se reproduzem em águas poluídas. Observa-se em Acra, no Gana, que o A. gambiae está adaptado a reproduzir-se em recipientes domésticos cheios de água e em numerosas águas poluídas. Uma vez que os mosquitos picam geralmente à noite e se sabe que têm preferência pela picada no interior ou no exterior, a transmissão da malária tende a ser acentuada quando um grande número de pessoas fica ao ar livre durante o tempo quente ou em casas que não têm proteção contra os mosquitos invasores (Killeen, 2002).

A infeção da malária no mosquito nunca é congénita. Os esporozoítos permaneceram infecciosos no mosquito durante 90 dias, mas num caso, após 155 dias, já não eram infecciosos. Os plasmódios podem permanecer adormecidos num mosquito durante o inverno e renovar o seu desenvolvimento no inseto na primavera. Os índices de esporozoítos em várias espécies de Anopheles variam muito, dependendo de factores como o grau de contacto com o homem e o nível de endemicidade da malária na altura em que o índice é obtido. Verificou-se que o número de esporozoítos nas glândulas salivares pode variar de 950 a 200.000, do quarto ao décimo primeiro dia após a infeção, e que cerca de 3.000 esporozoítos são injectados numa pessoa mordida durante a alimentação.

2.83 HOMEM, A VÍTIMA

A medida em que o homem se torna vítima da malária depende, em primeiro lugar, da forma como os seus próprios hábitos afectam a sua acessibilidade à alimentação dos vectores. Por exemplo, a localização e o tipo de habitação em relação aos hábitos dos vectores, as deslocações nocturnas em zonas maléficas, as dormidas ao ar livre, a migração e a cooperação nas operações de controlo e erradicação são factores que podem determinar a presença ou ausência de infeção. O desenvolvimento de projectos tem a capacidade de influenciar a transmissão do paludismo. A maioria dos projectos de desenvolvimento resultará na transmissão do paludismo, devido a um ou mais dos seguintes factores: abastecimento de água, estaleiros de construção e construção de estradas, desflorestação e deslocação da população resultante da migração económica sazonal ou permanente, saneamento de refúgios (AAAS, 1992).

2.84 CICLO DE VIDA

Os principais hospedeiros definitivos e vectores de transmissão do parasita são as fêmeas do mosquito Anopheles. Apenas as fêmeas se alimentam de sangue, pelo que os machos não transmitem a doença. As fêmeas dos mosquitos Anopheles preferem alimentar-se à noite. Normalmente, começam a procurar uma refeição ao anoitecer e continuam durante toda a noite até localizarem uma fonte de refeição (Tinto 2005)

2.85 ESPOROGONIA (Ciclo de vida nos insectos)

Os mosquitos jovens começam por ingerir o parasita da malária ao alimentarem-se de um portador humano infetado e os mosquitos anopheles infectados transportam esporozoítos de plasmódio nas suas glândulas salivares. Uma vez ingeridos, os gametócitos do parasita absorvidos no sangue diferenciam-se em gâmetas masculinos e femininos e depois fundem-se no intestino do mosquito. Isto produz um oocinete que penetra no revestimento do intestino e produz um oocisto na periferia da parede do intestino. Quando o oocisto se rompe, liberta esporozoítos que migram através do corpo do mosquito para as glândulas salivares, onde estarão prontos para infetar um novo hospedeiro humano. Este tipo de transmissão é ocasionalmente designado por transferência da estação anterior (CDC, 2006).

Os esporozoítos são injectados no sangue, juntamente com a saliva, quando o mosquito toma uma refeição de sangue subsequente. Alguns merozoítos transformam-se em gametócitos masculinos e femininos. Se um mosquito perfurar a pele de uma pessoa infetada, pode apanhar gametócitos no sangue. A fertilização e a recombinação sexual do parasita ocorrem no intestino do mosquito, definindo assim o mosquito como o hospedeiro definitivo do parasita. Novos esporozoítos desenvolvem-se e deslocam-se para a glândula salivar do mosquito, completando assim o ciclo.

2.86 ESQUISOGONIA (ciclo de vida no homem)

Os parasitas plasmodium nos seres humanos desenvolvem-se através de duas fases: uma fase exo - eritrocítica (hepática) e uma fase eritrocítica. Quando um mosquito infetado perfura a pele de uma pessoa para se alimentar de sangue, os esporozoítos presentes na saliva do mosquito entram na corrente sanguínea e migram para o fígado. No espaço de 30 minutos após a introdução no hospedeiro humano, infectam os hepatócitos, multiplicando-se assexuadamente e de forma assintomática durante um período de 6 a 15 dias. Uma vez no fígado, estes organismos diferenciam-se para produzir milhares de merozoítos que, após a rutura das suas células hospedeiras, escapam para o sangue e infectam os glóbulos vermelhos, iniciando assim a fase eritrocítica do ciclo de vida (Murphy, 2005).

O parasita escapa do fígado sem ser detectado, envolvendo-se na membrana celular da célula hepática do hospedeiro infetado (Garnham, 1966). No interior dos glóbulos vermelhos, os parasitas multiplicam-se ainda mais, novamente de forma assexuada, rompendo periodicamente com o seu hospedeiro para invadir novos glóbulos vermelhos. Ocorrem vários destes ciclos de amplificação. Assim, as descrições clássicas de ondas de febre resultam de ondas simultâneas de merozoítos que escapam e infectam os glóbulos vermelhos.

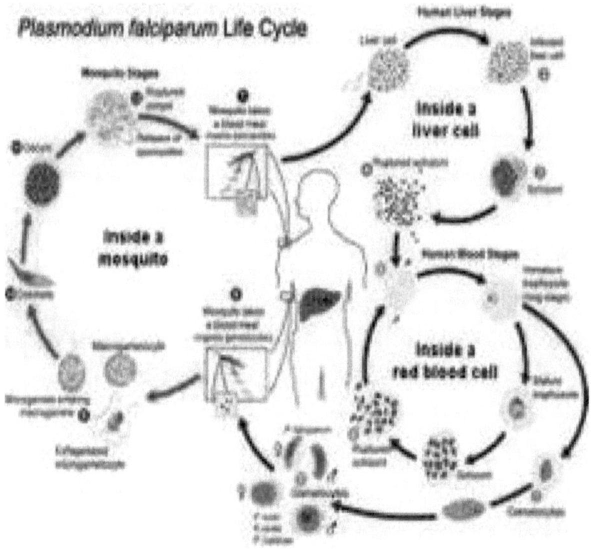

Fig 1: O ciclo de vida do parasita da malária: *Plasmodium falciparum* (OMS, 1997)

2.9 Sintomas

Mais frequentemente, o doente apresenta uma combinação dos seguintes sintomas: Febre, calafrios, suores, dores de cabeça, náuseas e vómitos, dores no corpo e mal-estar geral Em países onde os casos de paludismo são pouco frequentes, estes sintomas podem ser atribuídos a gripe, constipação ou outras infecções comuns, especialmente se não houver suspeita de paludismo. Pelo contrário, em países onde o paludismo é frequente, os residentes reconhecem muitas vezes os sintomas como paludismo e tratam-se a si próprios sem procurar confirmação diagnóstica ("tratamento presuntivo").

Os achados físicos podem incluir:

Temperaturas elevadas, transpiração, fraqueza, aumento do baço, iterícia ligeira, aumento do fígado e aumento da frequência respiratória (Snow *et al.,* 2005)

2.10 Diagnóstico

O diagnóstico da malária depende da demonstração de parasitas no sangue, geralmente por microscopia. Os resultados laboratoriais adicionais podem incluir anemia ligeira, diminuição ligeira das plaquetas sanguíneas (trombocitopenia), elevação da bilirrubina e elevação das aminotransferases. (Trampuz *et al.,* 2005).

2.10.1 *Malária grave*

A malária grave ocorre quando as infecções são complicadas por falhas graves de órgãos ou anomalias no sangue ou no metabolismo do doente. As manifestações da malária grave incluem Malária cerebral, com comportamento anormal, perturbação da consciência, convulsões, coma ou outras anomalias neurológicas, Anemia grave devido a hemólise (destruição dos glóbulos vermelhos), Hemoglobinúria (hemoglobina na urina) devido a hemólise, Síndrome de dificuldade respiratória aguda (SDRA), uma reação inflamatória nos pulmões que inibe a troca de oxigénio, anormalidades na coagulação sanguínea, pressão arterial baixa causada por colapso cardiovascular, insuficiência renal aguda, hiperparasitemia, em que mais de 5% dos glóbulos vermelhos estão infectados por parasitas da malária, acidose metabólica (acidez excessiva no sangue e nos fluidos dos tecidos), frequentemente associada a hipoglicemia e hipoglicemia (baixa taxa de glicose no sangue). A hipoglicemia também pode ocorrer em mulheres grávidas com malária não complicada ou após tratamento com quinino (Oniyangi *et al.,* 2006).

2.10.2 Recaídas da malária

Nas infecções por *P. vivax* e *P. ovale*, os doentes que recuperaram do primeiro episódio de doença podem sofrer vários ataques adicionais ("recaídas") após meses ou mesmo anos sem sintomas. As recaídas ocorrem porque *o P. vivax* e o *P. ovale* têm parasitas em fase hepática dormente ("hipnozoítos") que podem reativar-se. Existe tratamento para reduzir as hipóteses de recaídas e deve seguir-se ao tratamento do primeiro ataque. (Cogswell, 1999).

2.10.3 Outras manifestações da malária

- Os defeitos neurológicos podem ocasionalmente persistir após a malária cerebral, especialmente em crianças. Tais defeitos incluem problemas de movimentos (ataxia), paralisias, dificuldades de fala, surdez e cegueira.

- As infecções recorrentes com *P. falciparum* podem resultar em anemia grave. Isto ocorre especialmente em crianças pequenas na África tropical com infecções frequentes que não são tratadas adequadamente.

- A malária durante a gravidez (especialmente a *P. falciparum*) pode causar doença grave na mãe e pode levar a um parto prematuro ou a um bebé com baixo peso à nascença.

- Em raras ocasiões, a malária por *P. vivax* pode causar a rutura do baço.

- A síndrome nefrótica (uma doença renal crónica e grave) pode resultar de infecções crónicas ou repetidas com *P. malariae*.

- A esplenomegalia hiper-reactiva da malária (também chamada "síndrome de esplenomegalia tropical") ocorre raramente e é atribuída a uma resposta imunitária anormal a infecções repetidas da malária. A doença é marcada por um baço e um fígado muito aumentados, achados imunológicos anormais, anemia e uma suscetibilidade a outras infecções (como infecções cutâneas ou respiratórias). (Killeen *et al.,* 2002).

2.11 Tratamento da malária

2.11.1 Quinino

O quinino provém da casca de uma árvore originária da América do Sul. Segundo a lenda, foi trazido pela primeira vez para a Europa por uma condessa que tinha sido tratada com ele no Peru nos anos 1600. A casca foi baptizada de cinchona em 1742 por Linnaeus. Em 1820, dois químicos franceses isolaram o quinino da casca da cinchona e o quinino tornou-se um tratamento de referência para a febre intermitente em todo o mundo. Atualmente, o quinino continua a ser um tratamento importante e eficaz para a malária, apesar das observações esporádicas de resistência ao quinino. (Layne, 2007).

2.11.2 Cloroquina

A investigação de cientistas alemães para descobrir um substituto para a quinina levou à síntese da Resochin (cloroquina) e da Sontochin (3-metil-cloroquina) em 1934. Estes compostos pertenciam a uma nova classe de antimaláricos, as quatro-aminoquinolinas. O investigador alemão não foi mais longe e a fórmula da Resochin foi passada para uma empresa irmã dos EUA. Os investigadores americanos fizeram ligeiros ajustamentos ao medicamento capturado para aumentar a sua eficácia. A nova formulação foi denominada cloroquina. Só depois de compararem a cloroquina com o antigo e supostamente tóxico Resochin é que se aperceberam de que os dois compostos químicos eram idênticos. Após a guerra, a cloroquina e o DDT surgiram como as duas principais armas na campanha global de erradicação da malária da OMS. Subsequentemente, *o P. falciparum* resistente à cloroquina surgiu provavelmente em quatro locais distintos, começando na fronteira entre a Tailândia e o Camboja por volta de 1957; na Venezuela e em partes da Colômbia por volta de 1960; na Papua Nova Guiné em meados da década de 1970 e em África, começando em 1978 no Quénia e na Tanzânia e espalhando-se em 1983 ao Sudão, Uganda, Zâmbia e Malawi.

2.11.3 Sulfadoxina/Pirimetamina

Um derivado da pirimidina, o proguanil, também emergiu da linha de produtos antimaláricos durante a Segunda Guerra Mundial. O sucesso do proguanil no tratamento de seres humanos levou a um estudo mais aprofundado da sua classe química e ao desenvolvimento da pirimetamina. A resistência às duas monoterapias surgiu rapidamente (no prazo de um ano, no caso do proguanil). As sulfonas e as sulfonamidas foram então combinadas com o proguanil ou a pirimetamina na esperança de aumentar a eficácia e de evitar ou prevenir a resistência. Em 1953, a resistência *do P. falciparum* já tinha sido registada na Tanzânia. Quando a sulfadoxina/pirimetamina (SP) foi introduzida na Tailândia em 1967, a resistência apareceu nesse mesmo ano e espalhou-se rapidamente pelo Sudeste Asiático. A resistência à SP em África permaneceu baixa até ao final da década de 1990, mas desde então tem-se propagado rapidamente. (Trampuz *et al.*, 2005).

2.11.4 Mefloquina

O desenvolvimento da mefloquina foi um resultado da colaboração entre o Comando de Investigação e Desenvolvimento Médico do Exército dos EUA, a OMS/TDR e a Hoffman-La Roche, Inc. A eficácia da mefloquina na prevenção da malária falciparum quando tomada regularmente foi demonstrada em 1974 e o seu potencial como agente de tratamento bem sucedido foi demonstrado pouco depois. A resistência à mefloquina começou a surgir na Ásia em 1985, por volta da altura em que o medicamento passou a estar geralmente disponível.

2.11.5 Artemisinina

A artemisinina foi isolada por cientistas chineses em 1972 a partir da *Artemisia annua* (absinto doce), mais conhecida pelos herboristas chineses há mais de 2000 anos como Qinghao. No início da década de 1970, os primeiros testes realizados por cientistas chineses com extractos de Qinghao em ratos infectados com parasitas da malária mostraram que era tão eficaz como a cloroquina e o quinino na eliminação do parasita. Os cientistas de Mao Tse Tung começaram então a efetuar testes em seres humanos e, em 1979, publicaram os seus resultados no Chinese Medical Journal.

A artemisinina e outros medicamentos do grupo do artemeter têm sido a principal linha de defesa contra a malária resistente aos medicamentos em muitas partes do Sudeste Asiático. A artemisinina tem sido um medicamento antimalárico muito potente e eficaz, especialmente quando utilizado em combinação com outros medicamentos contra a malária. Verificou-se que a combinação de um medicamento à base de artemisinina com um medicamento parceiro que tem uma meia-vida mais longa melhora a eficácia da artemisinina. Também reduziu a duração do tratamento com a artemisinina e pareceu reduzir a probabilidade de desenvolvimento de resistência ao medicamento parceiro. No início deste século, a terapia combinada à base de artemisinina (ACT) tinha demonstrado melhorar a eficácia do tratamento e pensava-se que era a chave para conter a resistência no Sudeste Asiático. (CDC, 2006)

2.12 Medidas preventivas

2.12.1 Ambiente:

- Eliminação de áreas onde os mosquitos se reproduzem, tais como água parada em pneus velhos e contentores vazios
- A utilização de redes mosquiteiras impregnadas com permetrina ou deltametrina reduz a população de mosquitos
- Os doentes com VIH que têm contagens baixas de CD4 e as mulheres grávidas devem evitar viajar para zonas endémicas. (Groove kopec *et al.*, 2005).

2.12.2 Medidas de proteção individual:

- Usar camisa de manga comprida e calças compridas depois do pôr do sol
- A aplicação de insecticidas que contêm DEET é muito eficaz contra os mosquitos transmissores da malária (Kain *et al.*, 1998).

2.12.3 Quimioprofilaxia:

- Os medicamentos utilizados dependem do destino da viagem
- A cloroquina é segura e eficaz em zonas onde não existem estirpes resistentes e pode ser administrada com segurança a mulheres grávidas e crianças pequenas
- A mefloquina ou o atovaquone-proguanil são recomendados para viagens ao Sudeste Asiático, à região amazónica da América do Sul e à África Subsariana ou a qualquer zona onde exista malária resistente

à cloroquina. A doxiciclina é uma alternativa; esta ou o atovaquone-proguanil podem ser utilizados quando existe resistência à mefloquina. (Kain *et al.*, 1998).

2.12.4 Auto-tratamento:

Os viajantes que optem por não fazer profilaxia ou por fazer regimes suboptimizados devem receber antimaláricos para auto-tratamento. Atovaquone-proguanil é recomendado pelo CDC. Recomenda-se o auto-tratamento presuntivo para as pessoas que não possam aceder a cuidados médicos no prazo de 24 horas. É imperativo um acompanhamento médico imediato.

2.12.5 Vacinas

Com o aumento da resistência aos insecticidas e aos medicamentos antimaláricos, o desenvolvimento de uma vacina contra a malária suscita grandes expectativas. No entanto, a investigação de vacinas nas últimas três décadas tem-se caracterizado pela falta de financiamento, por uma grave subestimação da complexidade do parasita, pela confiança na tecnologia acima da compreensão científica, pela falta de modelos adequados e, sobretudo, pela falta de conhecimentos adequados sobre os mecanismos imunitários subjacentes à proteção.

Como reflexo destas incertezas, tem-se assistido recentemente a um afastamento dos modelos animais e a uma ênfase nos ensaios clínicos das 6000-8000 proteínas da malária até agora identificadas. As vacinas podem visar diferentes fases do ciclo do parasita, cada uma com um repertório antigénico distinto. As vacinas contra a fase pré-eritrocítica (esporozoítos e fase hepática) são as que beneficiam de melhor apoio financeiro, talvez porque existe um mercado potencial nos países mais desenvolvidos (forças armadas, turistas, visitantes de curta duração, como homens de negócios e investigadores de campo). A imunização com esporozoítos pode produzir imunidade protetora, mas o meio experimental de conferir proteção - exposições múltiplas e repetidas a picadas de centenas de mosquitos irradiados - não é praticável, e os esforços para produzir o mesmo grau de proteção com vacinas baseadas em proteínas de esporozoítos falharam até agora. As dificuldades incluem o polimorfismo substancial em regiões imunologicamente importantes das proteínas (epítopos) e a baixa imunogenicidade. Sabe-se agora que os esporozoítos irradiados se transformam em formas hepáticas jovens, e está a ser dada ênfase às moléculas derivadas destas últimas fases. As vacinas assexuadas da fase sanguínea visam reproduzir a situação que se verifica nos adultos em zonas hiper endémicas, ou seja, uma proteção predominantemente mediada por anticorpos adquirida através da exposição repetida à infeção. O objetivo é mais modesto, porque nos seres humanos qualquer redução da carga parasitária diminuirá ou anulará os sintomas. No entanto, uma vez que o mecanismo de proteção mediada por anticorpos não é consensual, não é claro qual das actuais vacinas candidatas deve ser desenvolvida, e os resultados obtidos em modelos não podem ser extrapolados para os seres humanos com certeza. Uma vacina contra a fase gamética tem como objetivo evitar que os mosquitos que se alimentam de um indivíduo infetado adquiram e transmitam o parasita. Esta abordagem altruísta não protege o indivíduo vacinado, mas contribui para a proteção da comunidade. Na ausência de uma cobertura completa, seria de esperar que uma vacina deste tipo diminuísse o número de infecções apenas em áreas de baixa transmissão. Apesar da sua eficácia em modelos, esta abordagem é limitada pela fraca imunogenicidade geral e pela falta de reforço natural. Uma das poucas vacinas a ser submetida a ensaios clínicos em grande escala, a vacina de três componentes (SPf66) desenvolvida por Pattaroyo não demonstrou qualquer eficácia. O desenvolvimento mais avançado até à data é o RTS'S, baseado numa construção particulada da proteína circumsporozoítica fundida com o antigénio de superfície da hepatite B. Devido a polimorfismos nos epítopos críticos da proteína do circunsporozoíto, os ensaios clínicos mostraram proteção apenas contra uma estirpe homóloga à utilizada na conceção da vacina. Os ensaios de campo, nos quais teriam sido encontradas estirpes heterólogas, mostraram proteção em alguns voluntários que receberam a vacina, mas esta diminuiu após 1-2 meses, e uma limitação da conceção foi o facto de o grupo de controlo não ter recebido o adjuvante dado ao grupo experimental. Entre as moléculas da fase sanguínea, a MSP1, isolada ou combinada com a MSP2, foi incluída em vários ensaios em seres humanos. No entanto, a inibição da invasão de merozoítos obtida com anticorpos monoclonais não foi induzida até à data por imunização. Várias outras moléculas estão a ser canalizadas para ensaios em seres humanos com base em resultados considerados promissores e obtidos num dos modelos de primatas, ratos ou in-vitro. Os ensaios clínicos serão essenciais para mostrar se estes resultados podem ser alargados aos seres humanos,

CAPÍTULO TRÊS

3.1 MATERIAIS E MÉTODOS

3.1 Recolha de plantas e preparação de extractos

Os caules das folhas de *Moringa oleifera* foram recolhidos em Ile-Ife, Estado de Osun. Nigéria e a identidade foi confirmada no departamento de Botânica da Universidade Obafemi Awolowo. Procedeu-se a uma seleção física das folhas aparentemente saudáveis e as folhas seleccionadas foram secas ao ar e trituradas até à obtenção de um pó grosseiro utilizando um pilão e um almofariz de laboratório. A 50 g do pó das folhas foram adicionados 300 ml de água destilada e de etanol, respetivamente, que foram bem misturados e deixados em repouso durante uma hora antes de serem filtrados com a ajuda de papel de filtro Whatman número 1. Os filtrados foram levados para a Faculdade de Farmácia da Universidade Obafemi Awolowo a fim de obter o concentrado dos extractos de folhas que foi administrado aos ratos e utilizado para a atividade antibacteriana.

3.2 Animal experimental

Quarenta ratinhos albinos aparentemente saudáveis, de ambos os sexos, pesando entre 19 kg e 27 kg, com 2 a 3 semanas de idade, foram adquiridos no biotério da Faculdade de Ciências da Saúde da Universidade Obafemi Awolowo de Ile-Ife. Nigéria. Permitiu-se que os animais se aclimatassem durante uma semana e, em seguida, foram examinados quanto à ausência de infeção por malária. Os ratos foram divididos em seis grupos de quatro ratos cada, os grupos 1 e II serviram de controlo negativo e positivo, respetivamente, enquanto os grupos III a VI serviram para doses de ensaio de 100 mg, 200 mg, 400 mg e 800 mg/kg de peso corporal.

Foram anestesiados ratos dadores infectados com *Plasmodium berghei* com parasitemia crescente, obtidos na Faculdade de Farmácia da OUA, e inoculados 1 milhão de parasitas/0,2 ml nos trinta ratos por via intraperitonial. As doses de teste acima referidas foram administradas aos ratinhos 2 horas após a inoculação e diariamente durante 3 dias. A água destilada e a cloroquina foram administradas como controlo negativo e positivo, respetivamente. A temperatura dos animais foi medida diariamente antes da administração do extrato. (Peter, 1965).

3.2 Realização de filmes de sangue

3.2.1 Películas espessas

Colocou-se uma gota de sangue da cauda dos ratinhos infectados numa lâmina assente numa superfície plana. O sangue gotejado foi então espalhado rápida e uniformemente com a borda de uma lâmina de vidro limpa, fazendo um movimento circular até se obter o diâmetro desejado. As películas foram mantidas na horizontal e protegidas do pó. Em seguida, foram secas durante alguns minutos a 37^0 C e coradas com Giemsa. O exame microscópico da lâmina corada foi efectuado com uma objetiva de imersão em óleo X100.

3.2.2 Estimativa do número de parasitas/µl de sangue

Foram seleccionadas partes da película espessa onde os leucócitos se encontram uniformemente distribuídos e os parasitas bem corados. Utilizando a objetiva de imersão em óleo, contaram-se sistematicamente 100 glóbulos brancos (WBC), ao mesmo tempo que se contava o número de parasitas (assexuados) em cada campo abrangido. Este procedimento é repetido em dez outras boas áreas da película e são efectuadas as médias das três contagens. O número de parasitas por µl de sangue foi calculado da seguinte forma:

$$\frac{\text{Contagem de leucócitos x Parasitas contados contra 200 leucócitos}}{200}$$

3.2.3 A percentagem de supressão foi calculada através da seguinte fórmula:

$$\text{\% Supressão}= \frac{\text{Parasitemia no controlo negativo - Parasitemia no grupo de ensaio}}{\text{Parasitemia no controlo negativo}}$$ (Peter, 1965)

3.4 Determinação dos parâmetros hematológicos e bioquímicos séricos dos ratinhos infectados

3.4.1 Contagem de glóbulos brancos

Método de ensaio

- Mediu-se 0,38 ml de fluido de diluição (solução de Turk) e distribuiu-se para um pequeno tubo.
- Foram adicionados e misturados 0,02 ml de sangue venoso anticoagulado com EDTA de ratinhos.
- A câmara de contagem foi montada e a amostra de sangue diluído, utilizando um tubo capilar colocado num ângulo de cerca de 45°, foi utilizada para encher uma das grelhas da câmara com a amostra, tendo o cuidado de não encher demasiado a área.
- A câmara foi deixada sem ser perturbada durante 2 minutos para permitir a sedimentação dos glóbulos brancos.
- A parte inferior da câmara foi limpa e seca e colocada na platina do microscópio. Utilizando a objetiva X10, com a íris do condensador *suficientemente fechada* para proporcionar um bom contraste, as células foram focadas até aparecerem como pequenos pontos negros.
- Foram contadas as células nos quatro grandes quadrados de canto da câmara, incluindo as células situadas nas linhas de dois lados de cada quadrado grande. A leitura foi efectuada.

3.4.2 Contagem diferencial de glóbulos brancos

Método

- Para uma película de sangue fina bem feita e corretamente corada, deixou-se cair uma gota de óleo de imersão no terço inferior da película de sangue e cobriu-se com um vidro de cobertura limpo.
- O filme foi examinado ao microscópio com a objetiva X10, com a íris do condensador suficiente para ver claramente as células e para visualizar a parte do filme onde os glóbulos

vermelhos começam a sobrepor-se, tendo sido utilizada a objetiva X40 para focar o filme de sangue.

- A película de sangue foi sistematicamente examinada e foram contadas as diferentes células brancas observadas em cada campo, utilizando um contador automático de células diferencial.

3.3.3 Estimativa do volume celular compactado (PCV)

O sangue da cauda dos animais foi retirado e foram efectuadas determinações em duplicado, medindo o volume relativo de sangue ocupado pelos eritrócitos no tubo de microhematócrito, utilizando a relação:

$$PCV = \frac{\text{Length of red cell column (mm)}}{\text{Length of total column (mm)}} \times 100$$

3.4. Estimativa da Alanina aminotransferase (ALT) e da Aspartato aminotransferase (AST)

Método:

- Foram colhidos três ou mais tubos (consoante o número de ensaios) e rotulados da seguinte forma:

B - Reagente em branco

S - Padrão (piruvato 57 ALT IU/l)

1, 2, etc - Ensaios em animais

Os reagentes são:

Reagente 1= Substrato PH 7,4

Reagente 2= DNPH Reagente corante

Reagente 3 = Hidróxido de sódio (4mol/L)

Reagente 4 = padrão de piruvato de trabalho

- Pipetou-se 0,25 ml do Reagente 1 para os tubos das amostras (1, 2, etc.). Os tubos foram transferidos para um banho-maria regulado a 37 °C. Após 5 minutos, adicionou-se 0,05 ml (50 _l) de soro do doente, misturou-se e incubou-se a 37 °C durante *exatamente* 30 minutos. A contagem do tempo começou após a adição do soro ao primeiro tubo.

- Pouco antes do fim dos 30 minutos, foram pipetadas as seguintes substâncias para os tubos branco e padrão:

B 0 ,1 ml de água destilada

0,5 ml Reagente 1

S 0,1 ml de água destilada

0,4 ml Reagente 1

0,1 ml Reagente 4

- *Exatamente* aos 30 minutos, os tubos 1, 2, etc. foram retirados do banho-maria e colocados no suporte com os tubos B e S.

- Adicionou-se imediatamente 0,25 ml do reagente 2 a cada tubo, misturou-se bem e deixou-se à temperatura ambiente (20-28 °C) durante 20 minutos.

- Adicionou-se a cada tubo 2,5 ml da solução 1, misturou-se bem e deixou-se à temperatura ambiente durante 10 minutos.

- A absorvância do padrão e das amostras de ensaio foi lida num espetrofotómetro regulado para o comprimento de onda de 505 nm. O instrumento foi colocado no zero com a solução de branco do reagente no tubo B. As cores das soluções são estáveis até 1 hora.

- A atividade da ALT em UI/l nas amostras de teste foi lida a partir do gráfico de calibração, certificando-se de que a leitura do padrão que corresponde a ALT 57 UI/l está de acordo com a curva de calibração. Mónica Cheesbrough (2009).

3.5 Histologia dos tecidos de ratinhos

Os pares de ratinhos infectados e os pares de ratinhos não infectados foram seleccionados aleatoriamente e sacrificados no quarto dia após a infeção. Em seguida, foram colhidas amostras de fígado e de rim, que foram conservadas em formalina a 10% e processadas para microscopia ótica através de um processo de fixação, desidratação, limpeza e inclusão em parafina, sendo depois seccionadas. As secções foram coradas com hematoxilina e eosina (H&E) de acordo com o método de Barker e Silverton, (1976), que é o seguinte. As secções foram imersas na hematoxilina de Harris filtrada durante 1 minuto e depois lavadas com água da torneira, que foi trocada até a água ficar límpida. As secções foram imersas em coloração de eosina durante 1 a 2 minutos e depois enxaguadas com água da torneira até a água ficar límpida, sendo depois desidratadas em soluções alcoólicas ascendentes (50%, 70%, 80%, 95%, 100%), após o que foram limpas com xileno e examinadas por microscopia ótica e fotomicrografias tiradas com o microscópio Olympus, utilizando película colorida de 35 mm.

3.6 Análise microbiológica

3.6.1 Preparação dos extractos

As concentrações dos extractos foram preparadas dissolvendo um peso conhecido da concentração dos extractos aquosos e etanólicos brutos num volume conhecido de água destilada para obter 100mg/ml, 200mg/ml, 400mg/ml e 800mg/ml do extrato bruto. 250mg/ml do agente antibacteriano padrão (tetraciclina) foi constituído de forma semelhante.

3.6.2 Microorganismos

Os organismos utilizados *foram Escherichia Coli, Pseudomonas aeroginosa, Staphylococcus aureus, Klebsiella aerogenes, Proteus mirabilis* e *Salmonella typhi.* Os organismos foram obtidos no Laboratório do

Departamento de Microbiologia Médica e Parasitologia,

Obafemi Awolowo University Teaching Hospital Complex Ile-Ife Osun State e reconfirmado através da realização de testes bioquímicos, tais como fermentação de açúcar, citrato, oxidase, testes de urease, produção de sulfureto de hidrogénio, gás, motilidade nos organismos.

3.6.3 Determinação da atividade antibacteriana:

A atividade antibacteriana dos extractos das folhas foi determinada utilizando o método de difusão em poço de ágar, seguindo o procedimento conhecido. O ágar de teste de sensibilidade diagnóstica (DST) foi inoculado com os microrganismos indicados, espalhando os inóculos bacterianos (comparados com o padrão MacFaland) no meio. Os poços foram perfurados no ágar e preenchidos com diferentes concentrações dos extractos de plantas. Os poços de controlo contendo solventes puros (controlo negativo) também foram colocados paralelamente na mesma placa. As placas foram incubadas a 37°C durante 18 horas e a atividade antibacteriana foi avaliada medindo o diâmetro da zona de inibição. O potencial antibacteriano dos diferentes extractos foi avaliado através da comparação das suas zonas de inibição.

3.7 Avaliação fitoquímica

Os extractos foram analisados pelos seguintes procedimentos para testar a presença de alcalóides, saponinas, taninos, terpenóides, flavonóides, glicosídeos, óleos voláteis e açúcares redutores.

3.7.1 Saponinas:

As saponinas foram detectadas utilizando o teste da espuma. Pesou-se 1 g da amostra para um erlenmeyer, ao qual se adicionaram 10 ml de água destilada esterilizada e ferveu-se durante 5 minutos. A mistura foi filtrada e 2,5 ml do filtrado foram adicionados a 10 ml de água destilada esterilizada num tubo de ensaio. O tubo de ensaio foi tapado e agitado vigorosamente durante cerca de 30 segundos. Deixou-se em seguida repousar durante meia hora. A espuma em forma de favo de mel indicou a presença de saponinas (Sofowora, 1982).

3.7.2 Taninos:

A uma porção do extrato diluído em água, adicionam-se 3-4 gotas de solução de cloreto férrico a 10%. Observa-se uma cor azul para os taninos gálicos e uma cor verde para os taninos catecólicos (Trease e Evans, 1978).

3.7.3 Reduzir os açúcares:

A 0,5 ml de extractos de plantas, adicionou-se 1 ml de água e 5-8 gotas de solução de Fehling e aqueceu-se em banho-maria. O precipitado vermelho-tijolo indica a presença de açúcares redutores. (Trease e Evans, 1978).

3.7.4 Glicosídeos:

Adicionaram-se 25 ml de ácido sulfúrico diluído a 5 ml de extrato num tubo de ensaio e ferveu-se durante 15 minutos, arrefeceu-se e neutralizou-se com NaOH a 10%, adicionando-se depois 5 ml de solução de Fehling. Os glicosídeos são indicados por um precipitado vermelho-tijolo. (Trease e Evans, 1978).

3.7.5 Alcalóides:

Mediu-se 2 ml de extrato num tubo de ensaio ao qual se adicionou uma solução de ácido pícrico. Uma coloração laranja indicou a presença de alcalóides. (Edeoga *et al.*, 2005).

3.7.6 Flavonóides:

4 ml da solução de extrato foram tratados com 1,5 ml de solução de metanol a 50%. A solução foi aquecida e adicionou-se magnésio metálico. A esta solução, foram adicionadas 5-6 gotas de ácido clorídrico concentrado e observou-se a cor vermelha para os flavonóides e a cor laranja para as flavonas. (Trease e Evans, 1989; Sofowora, 1983).

3.7.8 Óleos voláteis:

Agitar 2 ml de extrato com 0,1 ml de NaOH diluído e uma pequena quantidade de HCl diluído. Se estiverem presentes óleos voláteis, forma-se um precipitado branco. (Sofowora, 1983).

3.7.9 Terpenóides:

Quatro miligramas de extrato foram tratados com 0,5 ml de anidrido acético e 0,5 ml de clorofórmio. Em seguida, adicionou-se lentamente uma solução concentrada de ácido sulfúrico e observou-se uma cor vermelho-violeta para o terpenóide. (Vinoth *et al.,* 2012)

CAPÍTULO QUATRO

Resultados

4.1 . A parasitemia média e a supressão percentual da parasitemia plasmodial em ratinhos tratados com água e extrato etanólico, cloroquina e água destilada

Os ratinhos sem qualquer tratamento (controlo negativo) apresentaram uma parasitemia média de 57750±233475, que é a mais elevada, enquanto o fármaco de eleição para o tratamento da malária, a cloroquina, apresentou uma parasitemia média de 18 025±9813,35. Tabelas 1.

No extrato aquoso, 100 mg apresentaram a maior contagem de parasitemia de 23.939±23347,5, seguido de 200 mg (15.722±2123,6), 400 mg (6.544,5±2292,89) e o mínimo de 800 mg (3.305±843.6) tabela 1 O extrato etanólico apresentou uma parasitemia de 21,413±6662,56 para 100 mg, 200 mg (8,117±2268,9), 400 mg (7088±1804,95) e 800 mg (1,264±6201). tabela 2.

A percentagem de supressão para o extrato de água é de 100 mg (58,50%), 200 mg (72,80%), 400 mg (88,70%) e 800 mg (94,30%) e para o extrato de etanol é de 100 mg (62,92%), 200 mg (85,94%), 400 mg (87,73%) e 800 mg (68,80%) e os valores de ED50 e ED90 para os extractos de água e etanol são 216,80 α475,58 e 252,46 α 426,60, respetivamente. Tabelas 1 e 2

Tabela 1: Níveis médios e supressão percentual da Parasitemia Plasmodial em ratos tratados com extrato aquoso de folhas de *Moringa oleifera*, cloroquina e água destilada (controlo)

Tratamento	Dose (mg)	Parasitemia±SEM (μl)	% Supressão
Água destilada (controlo)	0,22 ml	57750±23347.5	
Extrato	100mg	23939±7776.7	58.50
Extrato	200mg	15722.5±2123.6	72.80
Extrato	400mg	6544.5±2292.89	88.70
Extrato	800mg	3305±843.6	94.30
Medicamentos	10mg	18025±9813.35	68.79
ED50			**216.80**
ED90			**475.58**

Chaves:

ED50 Dose efectiva que reduzirá a parasitemia em 50%.

ED90 Dose efectiva que reduzirá a parasitemia em 90%.

ExtractosExtractos de folhas de *Moringa oleifera*

MedicamentoCloroquina

Tabela 2: Níveis médios e supressão percentual da parasitemia plasmodial em ratos tratados com extrato etanólico de folhas de *Moringa oleifera*, cloroquina e água destilada (controlo)

Tratamento	Dose	Parasitemia±SEM* (μl)	% Supressão
Água destilada (controlo)	0,22 ml	57750±23347.5	
Extrato	100mg	21413±6662.56	62.92
Extrato	200mg	8117±2268.9	85.94
Extrato	400mg	7088±1804.95	87.73
Extrato	800mg	1264±620.1	68.80
Medicamentos	10mg	18025±9813.35	68.79
ED50			**252.46**
ED90			**426.60**

Chaves:

ED50 Dose eficaz para reduzir a parasitemia em 50%.

ED90 Dose efectiva que reduzirá a parasitemia em 90%.

Extractos Extractos de folhas de *Moringa oleifera*

MedicamentosCloroquina

4.2 Efeito da distribuição da temperatura da água e do extrato etanólico das folhas de *Moringa oleifera*, da cloroquina e da água destilada em ratos.

Para os extractos etanólicos, no primeiro dia, a cloroquina tinha 36,70^0 C, enquanto a água destilada tinha 37,50^0 C, a dose de 100 mg tinha 35,73^0 C e 800 mg tinha 36,60^0 C. No segundo dia, a cloroquina tinha 35,05^0 C, a água destilada tinha 37,16^0 C, enquanto a dose de 100 mg tinha 37,40^0 C e a de 800 mg tinha 34,20^0 C. Terceiro dia, a cloroquina tinha 36,35^0 C, a água destilada tinha 36,35^0 C, enquanto a dose de 100 mg tinha 35,73^0 C e a de 800 mg tinha 34,25^0 C. No quarto dia, a cloroquina tinha 37,50^0 C, a água destilada tinha 36,35^0 C, enquanto a dose de 100 mg tinha 37,23^0 C e a de 800 mg tinha 37,05^0 C.

Para o extrato aquoso, no primeiro dia, a cloroquina tinha 36,70^0 C, a água destilada tinha 37,25^0 C, e a dose de 100 mg tinha 35,27^0 C, enquanto 800 mg tinha 36,28^0 C. No segundo dia, a cloroquina tinha 35,05^0 C, a água destilada tinha 37,16^0 C, e a dose de 100 mg tinha 35,90^0 C, enquanto a de 800 mg tinha 36,20^0 C. Terceiro dia, a cloroquina tinha 36,35^0 C, a água destilada tinha 36,35^0 C, a dose de 100 mg tinha 35,90^0 C e a de 800 mg tinha 36,20^0 C. Quarto dia, a cloroquina tinha 37,5ºC, a água destilada tinha 36,35C, enquanto as doses de 100mg tinham 35,08^0 C e 800mg tinham 36,05^0 C.

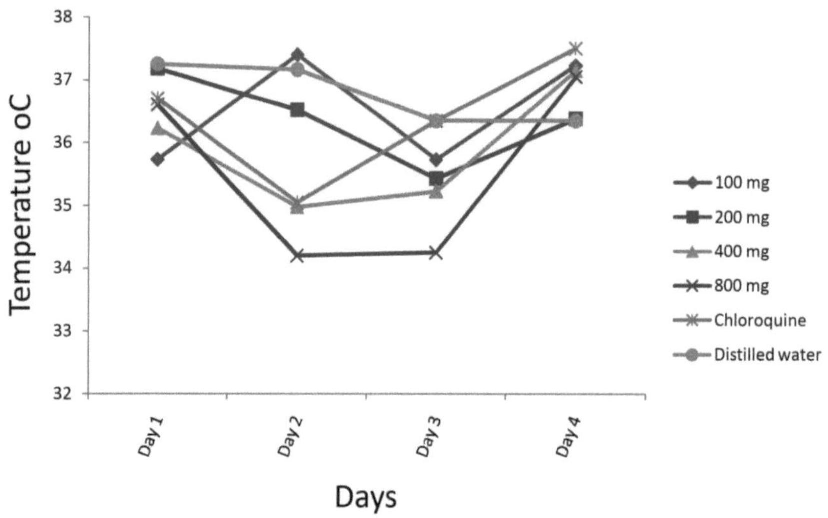

Figure 1: Efeito entre a temperatura e as doses de extrato aquoso de folhas de *Moringa oleifera*, cloroquina e água destilada.

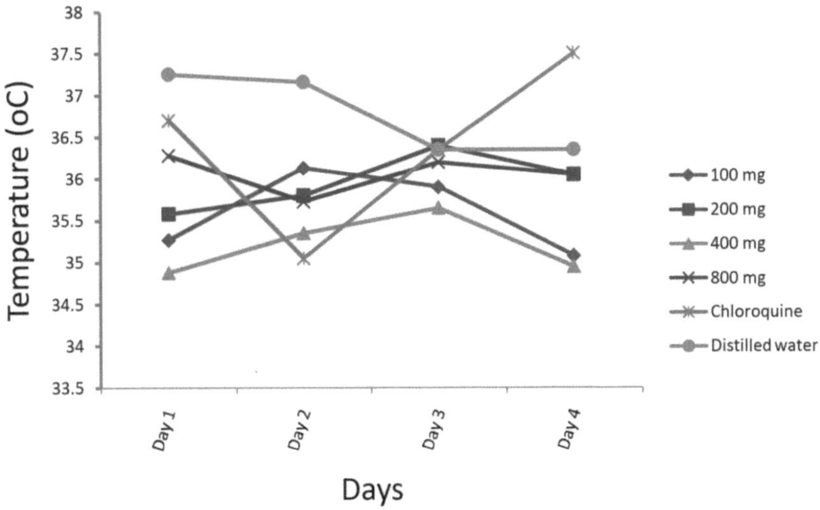

Figure 2: Efeito entre a temperatura e as doses de folhas de *Moringa oleifera,* extrato etanólico, cloroquina e água destilada.

4.3 O perfil dos parâmetros hematológicos, tais como o volume de células compactadas (PCV), a contagem de glóbulos brancos (WBC), a contagem de neutrófilos e linfócitos nos extractos de etanol e água da *M. oleifera.*

O volume celular compactado (PCV) para o controlo negativo em extrato aquoso teve um PCV médio de 30,8±3,04, enquanto o medicamento teve um PCV de 49,5±4,94. 800 mg (33,0±1,22), 400 mg (32,8±1,32), 200 mg e 100 mg apresentaram 32,3±3,22 e 32,3±0,48, respetivamente. O controlo negativo para os leucócitos teve um valor médio de 5 950±670,20, enquanto o medicamento teve 5 775±497,28. A contagem mais elevada de leucócitos entre as doses foi registada em 400 mg (3 725±923,20), enquanto a menor foi encontrada em 200 mg (3150±262,00). O controlo negativo teve uma contagem média de neutrófilos de 37,6±7,66, enquanto o medicamento teve 30,5±0,65, a contagem de neutrófilos mais elevada foi registada na dose de 100 mg (24,8±7±,65), seguida de 800 mg (22,3±1,75) e a menor em 400 mg (13,8±1,70). A contagem de linfócitos no controlo negativo foi de 59,3±7,76 e o fármaco teve 67,25±1,38, enquanto a contagem de linfócitos mais elevada foi encontrada em 400 mg (87,5±1,85) e a menor foi encontrada com a dose de 100 mg (72,3±7,63). Os extractos etanólicos apresentaram um PCV mais elevado na dose de 200 mg (43,25±1,44), seguido de 400 mg (39,0±2,80), 800 mg (35,75±4,66) e o mínimo de 100 mg (24,75±3,82).4), seguido de 200mg (6150±556,03) e o menor em 400mg (3.150±550,00). 400mg apresentou a maior contagem de neutrófilos, 400mg (12,8±2,02), seguido de 100mg (11,3±6,09) e o menor em 200mg (10,8±1,55). A contagem de linfócitos foi mais elevada em 800 mg (91,5±2,22), seguida de 400 mg (88,8±2,02) e 100 mg (88,8±6,09) e a menor em 200 mg (88,3±1,49). Tabela 3 e 4

Tabela 3: Perfil do volume de células compactadas, glóbulos brancos, contagem de neutrófilos e linfócitos do extrato aquoso de folhas de *Moringa oleifera* em ratos.

Extrato de água

Grupo de medicamentos	PCV±SEM	WBC±SEM	NEUT±SEM	LYMPH±SEM
Controlo (0,22 ml)	30.8±3.04	5,950±670.20	37.6±7.66	59.3±7.76
Medicamento (10mg)	49.5±4.94	5,775±497.28	30.5±0.65	67.25±1.38
Extrato (100mg)	32.3±0.48	3,325±492.23	24.8±7.63	72.3±7.63
Extrato (200mg)	32.3±3.22	3,150±262.00	15.8±2.17	83.8±2.25
Extrato (400mg)	32.8±1.32	3,725±923.20	13.8±1.70	87.5±1.85
Extrato (800mg)	33.0±1.22	3,675±975.85	22.3±1.75	74.3±1.70

Chaves:

PCV= Volume celular compactado

WBC= Contagem de glóbulos brancos

NEUT= Contagem de neutrófilos

LYMP= Contagem de linfócitos

Tabela 4: Perfil do volume de células compactadas, glóbulos brancos, contagem de neutrófilos e linfócitos do extrato de etanol das folhas de *Moringa oleifera* em ratos.

Extrato de etanol

Grupo de medicamentos	PCV±SEM	WBC±SEM	NEUT±SEM	LYMPH±SEM
Controlo (0,22 ml)	30.8±3.04	5,950±670.20	37.6±7.66	59.3±7.76
Medicamento (10mg)	49.5±4.94	5,775±497.28	30.5±0.65	67.25±1.38

Extrato (100mg)	24.75±3.82	14,000±9453.	4 11.3±6.09	88.8±6.09
Extrato (200mg)	43.25±1.44	6,150±556.03	10.8±1.55	88.3±1.49
Extrato (400mg)	39.0±2.80	3,150±550.00	12.8±2.02	88.8±2.02
Extrato (800mg)	35.75±4.66	5,600±844.59	8.5±2.220	91.5±2.22

Chaves:

PCV= Volume celular compactado

WBC= Contagem de glóbulos brancos

NEUT= Contagem de neutrófilos

LYMP= Contagem de linfócitos

4.4 Proflie dos efeitos toxicológicos dos extractos de água e etanol das folhas de *Moringa oleifera* na Alanina aminotransferase (ALT) e Aspatato aminotransferase (AST), Cloroquina e Controlo (água destilada) em ratos.

A ALT mais elevada no extrato aquoso ocorreu em 400 mg (174iu/L), seguida de 800 mg (143iu/L), 100 mg (114iu/L) e 200 mg (110iu/L), enquanto a AST também ocorreu em 400 mg (94iu/L), seguida de 100 mg (62iu/L), 800 mg (48iu/L) e 200 mg (25iu/L). O extrato de etanol tem a ALT mais elevada em 800 mg (180iu/L) seguido de 400 mg (24iu/L), 200 mg e 100 mg (03iu/L) cada. As actividades dos extractos de água e de etanol mostraram um aumento de 100 mg para 800 mg, indicando que o efeito toxicológico é maior à medida que as doses aumentam. Figuras 3- 6.

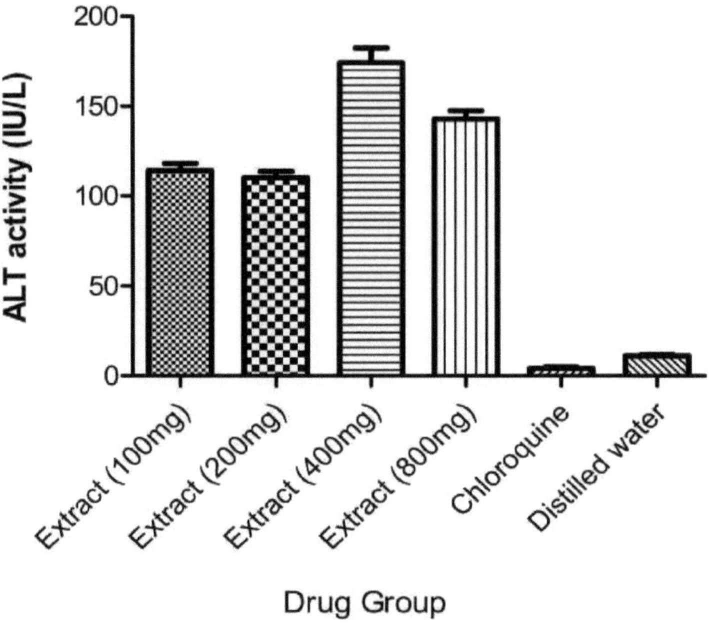

Figure 3. Perfil do efeito toxicológico dos extractos aquosos das *folhas de Moringa oleifera*, da cloroquina e do controlo através da estimativa da concentração de Alanina Amino tranferase (ALT) em ratos

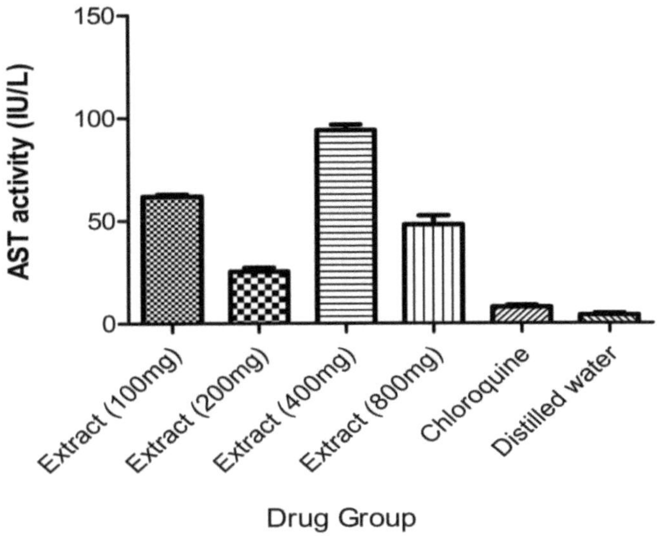

Figure 4: Perfil do efeito toxicológico dos extractos aquosos das *folhas de Moringa oleifera*, da cloroquina e do controlo através da estimativa da concentração de Aspatato aminotranferase (AST) em ratinhos

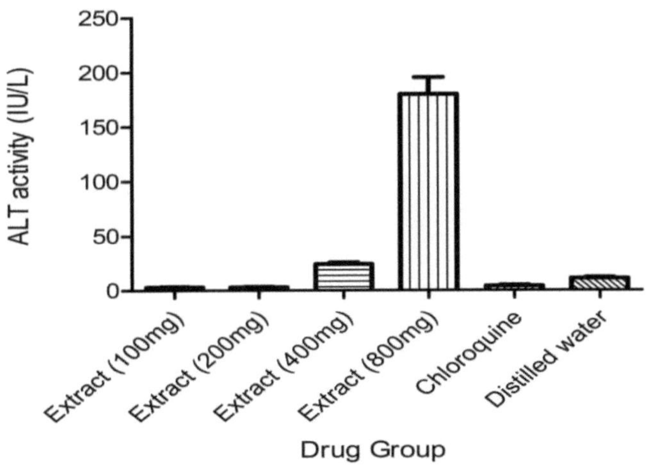

Figure 5: Perfil do efeito toxicológico dos extractos etanólicos das folhas de *Moringa oleifera*, da cloroquina e do controlo através da estimativa da concentração de Alanina

aminotranferase (ALT) em ratinhos

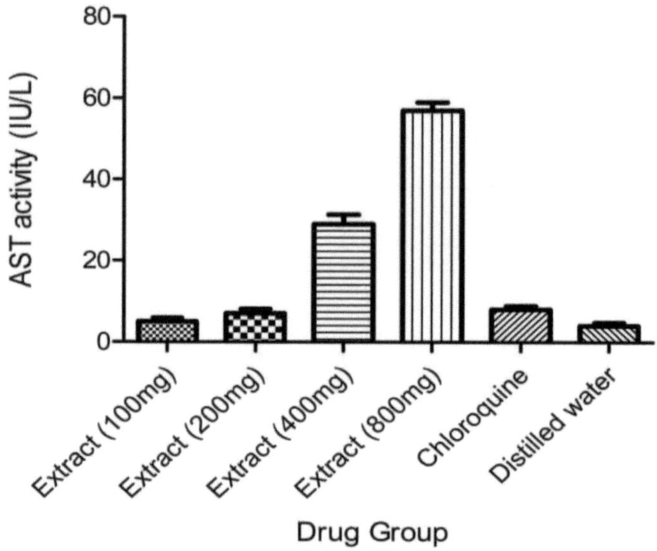

Figure 6: Perfil do efeito toxicológico dos extractos etanólicos das folhas de *Moringa oleifera, da* cloroquina e do controlo através da estimativa da concentração de Aspatato aminotranferase (AST) em ratinhos

6.5 Avaliação histológica do fígado e do rim dos ratinhos infectados

As amostras histológicas do rim de ratos com doses de 100mg, 200mg, 400mg e 800mg de folhas de *Moringa oleifera* mostraram que existe uma nefrite intersticial ligeira, obliteração grave do lúmen capilar, esclerose focal e segmentar dos glomérulos. Placas 1-6. O fígado mostrou necrose de hepatócitos, inflamação do trato portal, inflamação lobular e inflamação do parênquima. Placas 7-12.

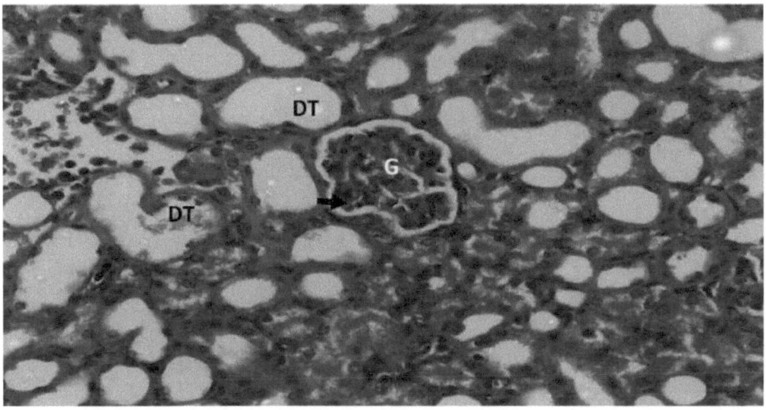

Placa 1: Fotomicrografia do rim dos ratinhos tratados com água destilada (controlo negativo). (H&E). Ampliação x160

Chave: DT= Túbulo dilatado, **G=** Glomérulo

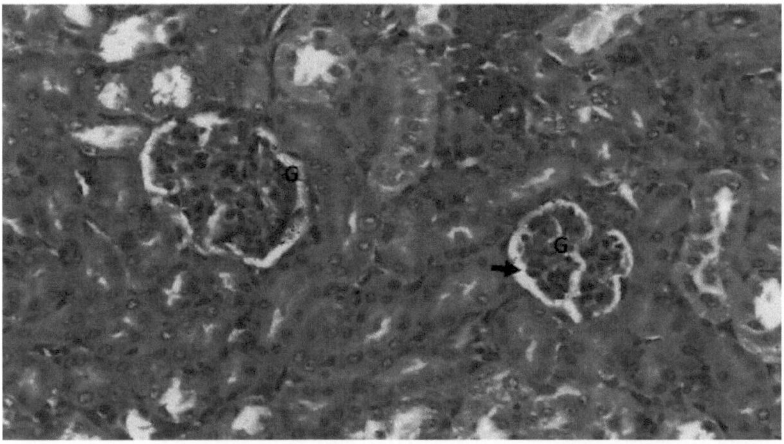

Placa 2: Fotomicrografia do rim dos ratinhos tratados com cloroquina (controlo positivo). (H&E). Ampliação x160

Legenda: G= Glomérulo

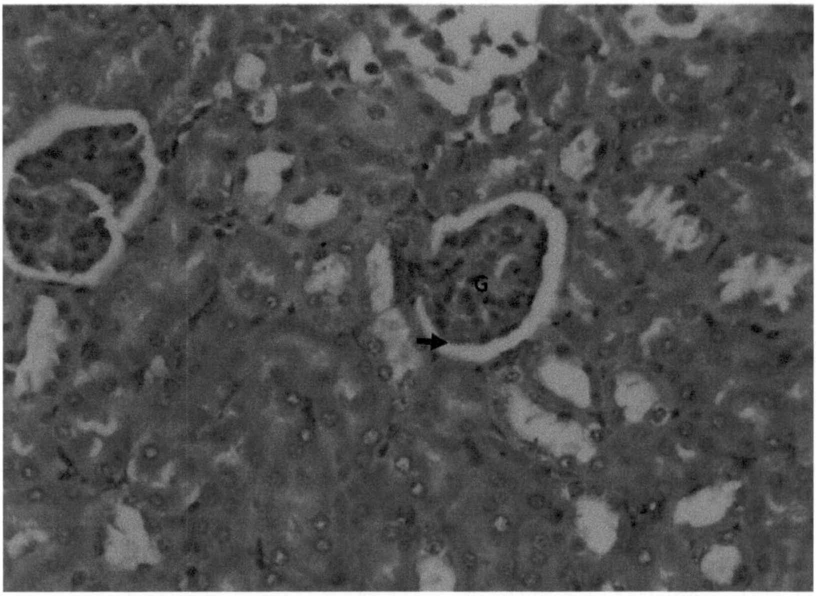

Placa 3: Fotomicrografia do rim dos ratos tratados com 100mg de extractos de folhas de *Moringa oleifera* **(H&E). Ampliação x160**

Chave: Glomérulo

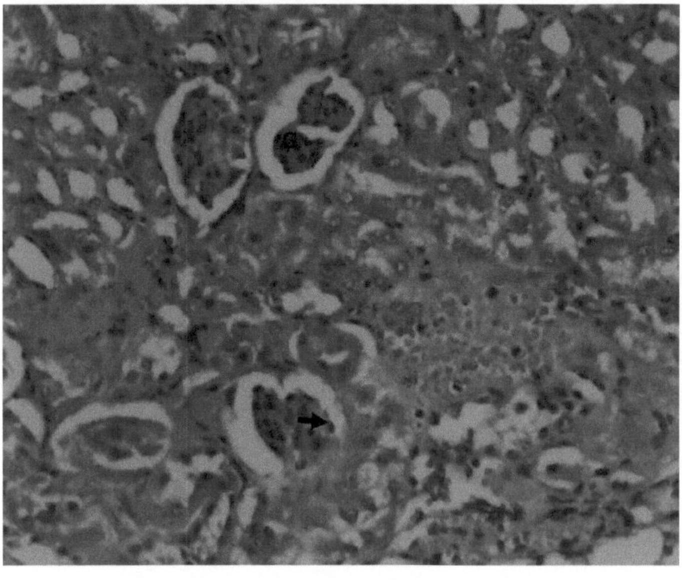

Placa 4: Fotomicrografia do rim dos ratinhos tratados com 200mg de extractos de folhas de *Moringa oleifera* **(H&E) Ampliação x160**

Legenda: G= Glomérulo

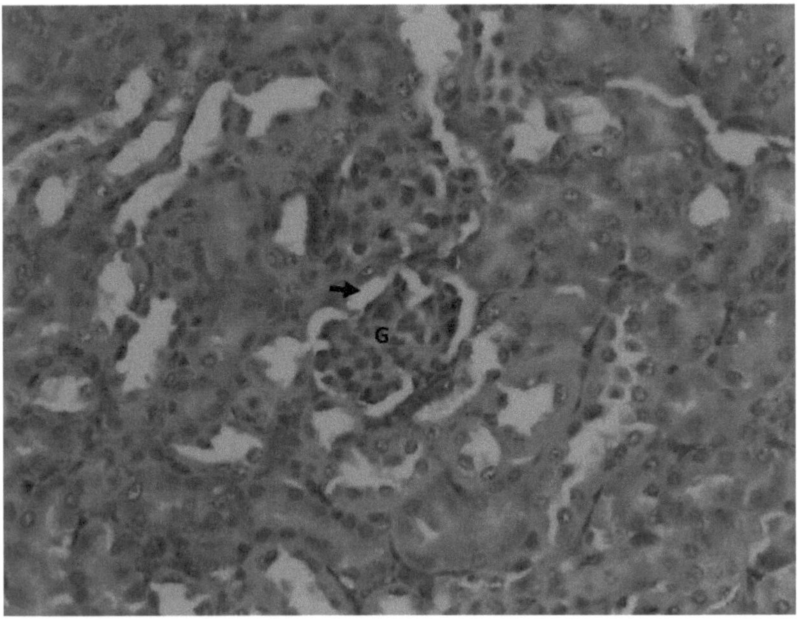

Placa 5: Fotomicrografia do rim dos ratinhos tratados com 400mg de extractos de folhas de ***Moringa oleifera*** **(H&E) Ampliação x160**

Legenda: G= Glomérulo

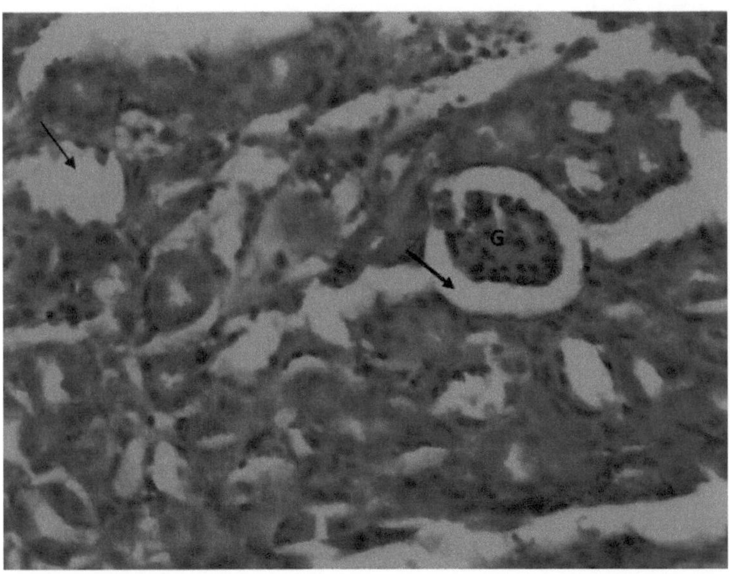

Placa 6: Fotomicrografia do rim dos ratos tratados com 800mg de extractos de folhas de *Moringa oleifera* (H&E) Ampliação x160.

Chave:

G= Glomérulo

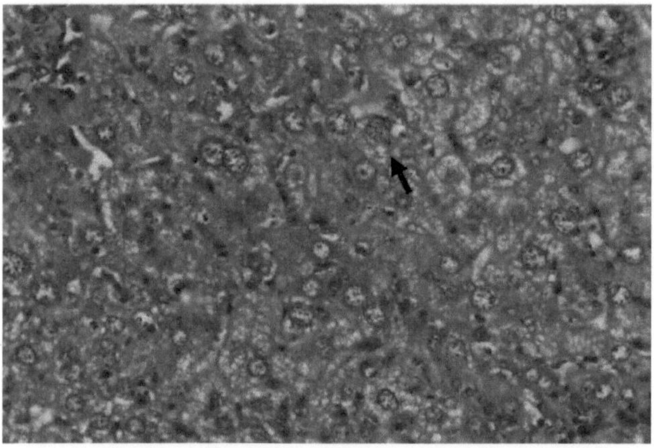

Placa 7: Fotomicrografia do fígado dos ratinhos tratados com água destilada (controlo negativo). (H&E). Ampliação x160

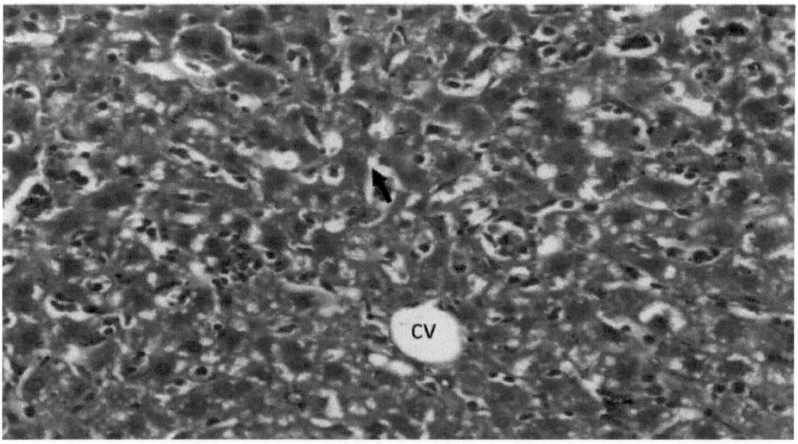

Placa 8: Fotomicrografia do fígado dos ratinhos tratados com Choloquine (controlo positivo). (H&E). Ampliação x160

Legenda: CV= Vaso central

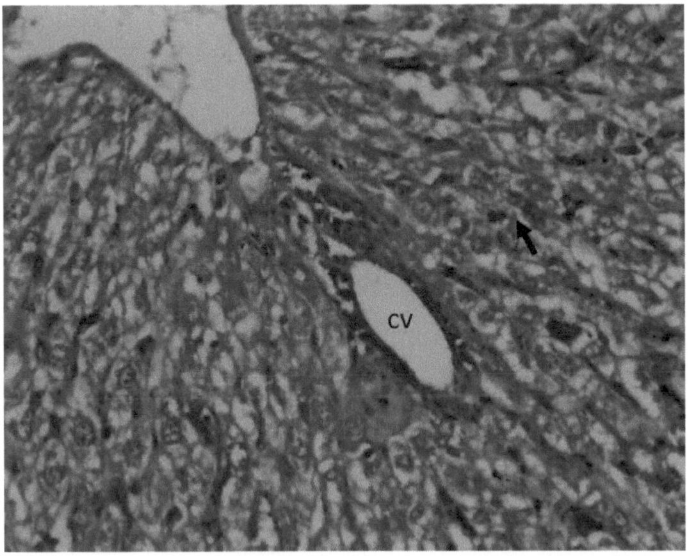

Placa 9: Fotomicrografia do fígado dos ratos tratados com 100mg de extrato de folhas de ***Moringa oleifera*** **(H&E). Ampliação x160**

Legenda; CV= Vaso central

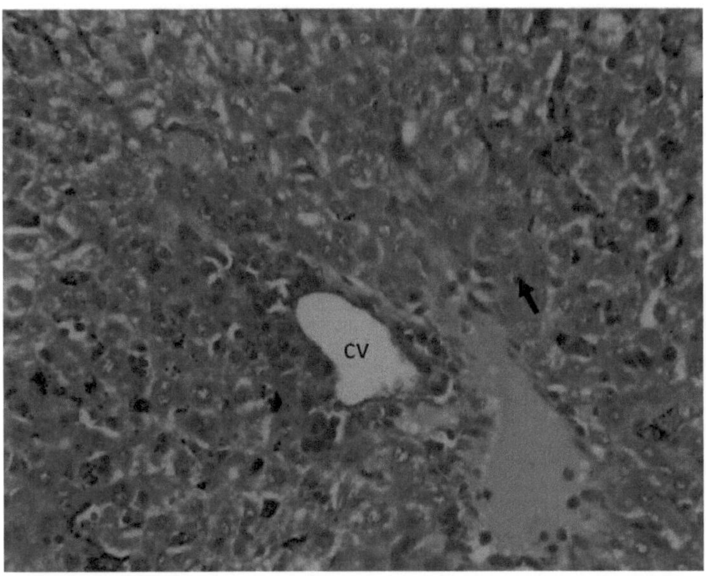

Placa 10: Fotomicrografia do fígado dos ratos tratados com 200mg de extractos de folhas de ***Moringa oleifera*** **(H&E). Ampliação x160**

Legenda; CV= Vaso central

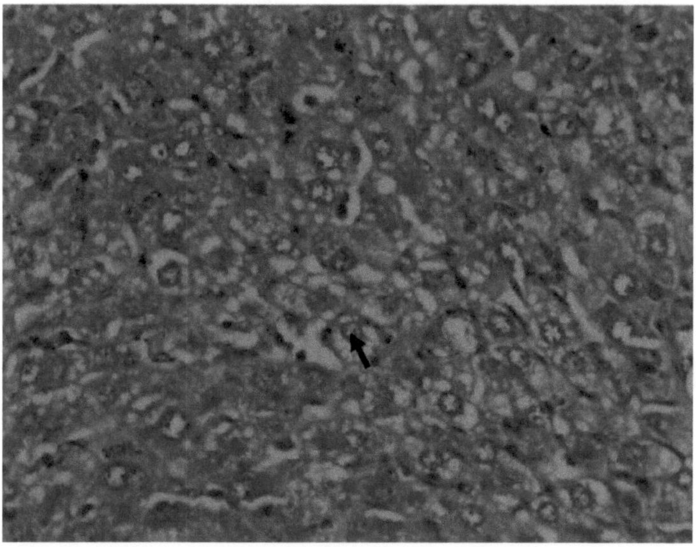

Placa 11: fotomicrografia do fígado dos ratos tratados com 400 mg de extractos de folhas de *Moringa oleifera* (H&E). Ampliação x160

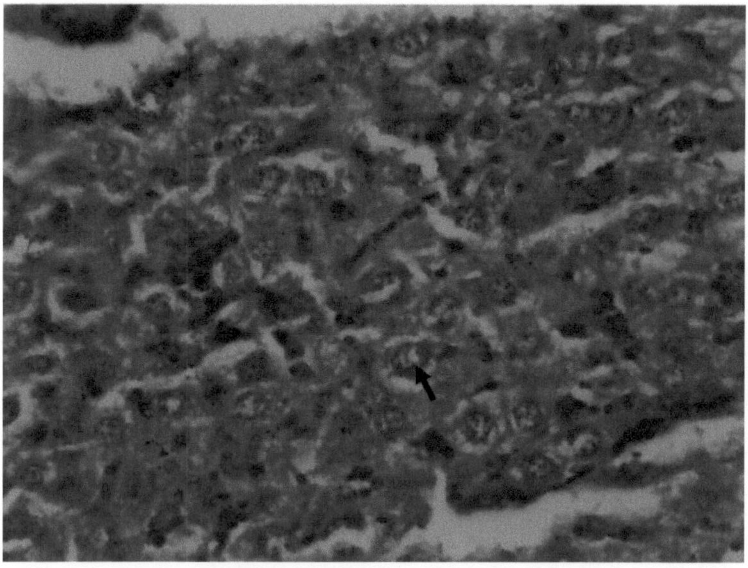

Placa 12: fotomicrografia do fígado dos ratos tratados com 800 mg de extractos de folhas de *Moringa oleifera* (H&E). Ampliação x160

4.6 A atividade antimicrobiana do extrato de folhas de *Moringa oleifera* em alguns isolados

clínicos

A atividade antimicrobiana dos extractos em isolados clínicos mostrou que o extrato aquoso de 800 mg tinha a zona de inibição mais elevada de 6 mm na *Escherichia coli.* Seguido de 400 mg com uma zona de inibição de 4 mm e o mínimo de 100 mg com uma zona de inibição de 2 mm. Em comparação com o antibiótico padrão, a tetraciclina 250 mg tem a zona mais elevada de 21 mm contra *Klebsiella aerogenes*, 19 mm contra *Staphylococcus aureus*, 18 mm contra *Proteus mirabilis* e 14 contra *Escherichia coli.* Os extractos de etanol 800mg tiveram a zona de inibição mais elevada de 8mm contra *Salmonella typhii* , 6mm contra *E.coli* e *S.aureus* e 5mm contra *P.mirabilis*.Tabela 5&6.

Tabela 5: Actividades antibacterianas dos extractos aquosos das folhas de *Moringa oleifera* em alguns isolados clínicos

	Extract doses (mg)					
Organisms	**50mg/ml**	**100mg/ml**	**200mg/ml**	**400mg/ml**	**800mg/ml**	**Tet(250mg/ml)**
S. aureus	R	R	R	R	R	19mm
K.aerogenes	R	R	R	R	R	21mm
E. coli	R	R	2mm	4mm	6mm	14mm
P.mirabilis	R	R	R	R	R	18mm
S. typhii	R	R	R	R	R	13mm

Chaves:

S. aureus=Staphylococcus aureus, *P. mirabilis= Proteus mirabilis*

K. aerogenes= Klesiella aerogenesS *. typhi= Salmonella typhii*

E. coli= Escherichia coliR=Resistência

Tet= Tetraciclina

Tabela 6: Actividades antibacterianas dos extractos etanólicos das folhas de *Moringa oleifera* em alguns isolados clínicos

Ethanol Extract	50mg/ml	100mg/ml	200mg/ml	400mg/ml	800mg/ml	Tet(250mg/ml)
S. aureus	R	R	R	4mm	6mm	19mm
K. arogenes	R	R	R	R	R	21mm
E. coli	R	R	3mm	5mm	6mm	14mm
P.mirabilis	R	R	2mm	4mm	5mm	18mm
S. typhii	R	R	4mm	6mm	8mm	13mm

Chaves:

S. aureus=Staphylococcus aureus, *P. mirabilis= Proteus mirabilis*

K. aerogenes= Klesiella aerogenesS *. typhi= Salmonella typhii*

E. coli= Escherichia coli

R=Resistência

Tet= Tetraciclina

4.7 O rastreio fitoquímico dos extractos de etanol e de água das folhas de *M. oleifera*

O rastreio fitoquímico mostrou que os extractos de água e de etanol tinham flavonóides, taninos, glicosídeos, terpenóides, saponinas, com a ausência de alcalóides na água, enquanto o açúcar redutor estava ausente em ambos os extractos, como se mostra no quadro 7.

Quadro 7: Análise fitoquímica das folhas de *Moringa oleifera*

Compostos	Extractos de água	Extractos de etanol
Taninos	+ **(9.83)**	+ **(8.41)**
Saponinas	+ **(0.40)**	-
Glicosídeos	+ **(6. 09)**	+ **(7.70)**
Reduzir os açúcares	-	-
Terpenóides	+ **(6.57)**	+ **(7.40)**

Flavonóides	++ **(12.95)**	+ **(10.30)**
Alcanóides	-	+ **(0.34)**

(++) abundância moderada do composto.

(+) baixa abundância do composto.

(-) Ausente

CAPÍTULO CINCO

DISCUSSÃO

A parasitemia média no controlo negativo foi de 57750±23347,5/μlitro de sangue, que foi a mais elevada entre todas as doses testadas com os extractos de plantas. A parasitemia média para cada uma das doses do extrato foi inferior a este valor. Isto implicou que todos os extractos brutos aquosos tinham atividade antimalárica *in vivo* e suprimiram a multiplicação de parasitas *P. berghei* em ratos. A cloroquina, a droga de escolha para o tratamento da malária, teve uma parasitemia de 18025±9813,35/μlitro de sangue. O extrato aquoso foi administrado aos ratos em doses graduais de 100-800mg/kg, com 0mg/kg a representar o controlo negativo. A parasitemia obtida para a experiência foi dependente da dose, sendo a mais baixa 6.544,5±2.292,89Zμlitro de sangue para 800mg/kg e a mais alta, 23.939±7776,7Zμlitro de sangue para 100mg/kg. Uma baixa percentagem de parasitemia indica uma elevada atividade antiplasmódica do extrato e vice-versa. A percentagem de quimiosupressão denota uma atividade relativa ao controlo negativo. Quanto mais elevada for a quimiossupressão, mais elevada é a atividade, no que diz respeito ao extrato aquoso, esta foi dependente da dose, com a dose de 800mgZkg a apresentar a atividade mais elevada de 94,3%, superior a 58,5% para a dose mais baixa de 100mgZkg. Isto está de acordo com os resultados de Ugwu ***et al (2012)*** onde a percentagem de parasitemia dos ratos tratados com extrato de etanol de folhas de *Moringa oleifera* aumentou significativamente no grupo 1 (controlo positivo) quando comparado com o grupo 6 (controlo negativo) e outros grupos. O grupo 4 (180 mgZkg de peso corporal do extrato) e o grupo 5 (5 mgZkg de peso corporal de Artesunato) não mostraram diferença significativa na percentagem de parasitemia em comparação com o grupo 6 (controlo negativo). A maior percentagem de quimiosupressão em relação ao controlo positivo mostra a atividade muito elevada do extrato aquoso (94,30%). Embora o extrato etanólico tenha mostrado melhor atividade do que o aquoso 62,92%, 85,94% a 100mg/kg e 200mg/kg, respetivamente, deu uma % de quimiossupressão comparável à aquosa a 400mg, na qual provocou a quimiossupressão máxima, mas deu uma % de quimiossupressão igual ou comparável de 68% à cloroquina, o antimalárico padrão na dose de 800mg/kg, o que está em conjunto com o trabalho realizado por Emmanuel *et al,* 2015 que os extractos (250-1000 mg/kg) produziram uma redução significativa da parasitemia no teste de supressão de quatro dias.

Os valores ED50 e ED90 indicam as doses que reduzem a parasitemia no extrato em 50 e 90%, respetivamente. Quanto mais baixos forem os valores, mais ativo é o extrato. O etanol e o extrato aquoso têm os valores 252,46, 426,60; 216,80, 475,58mg/kg respetivamente, o que implica que o último (extrato aquoso) é mais ativo. Isto pode dever-se ao facto de a água, sendo um solvente mais polar, ter sido capaz de extrair mais constituintes químicos activos do que o primeiro (extrato de etanol). Normalmente, adiciona-se água aos solventes de extração para aumentar a polaridade e, assim, aumentar o espetro dos constituintes químicos extraídos.

A razão para registar a temperatura diária dos ratos foi avaliar o efeito dos medicamentos na febre induzida pela malária nos ratos. A tendência da alteração da temperatura nos ratos é oposta à do homem, uma vez que o aumento da temperatura nos ratos é uma indicação de atividade antipirética. A partir das figuras 1 e 2 acima, o aumento da temperatura foi dependente da dose no dia 3, com as doses 400mg/kg e 800mg/kg a provocar valores elevados comparáveis, indicando que, para além da elevada percentagem de quimiossupressão, houve uma redução proporcional da febre. A cloroquina, o medicamento padrão, provocou o aumento elevado da temperatura, enquanto, pelo contrário, a água destilada apresentou a alteração mais baixa no dia 3. Com 100 mg, a temperatura subiu até ao pico no dia 1, desceu até ao mínimo no dia 2, mas voltou a subir no dia 3. Com 200 mg, o pico de temperatura no dia 0 desceu gradualmente ao longo do dia 1 até ao dia 2, mas melhorou drasticamente no dia 3. Com 400 e 800mg/kg, desceu gradualmente de uma temperatura óptima para a mais baixa, mas no entanto subiu para uma temperatura alta comparável no dia 3. Pode concluir-se que o extrato de etanol de *Moringa oleifera* exibiu atividade antipirética de uma forma dependente da dose no dia 3.

No que diz respeito ao extrato aquoso, a cloroquina apresentou o aumento de temperatura mais elevado no dia 3, tal como o etanol, o que indica que teve a maior atividade antipirética de todas as doses e fármacos testados. O valor mais baixo no dia 3 foi observado no extrato aquoso a 100 mg e 400 mg, inferior ao da água destilada, o controlo negativo, enquanto o valor mais elevado no mesmo dia foi observado na dose de 800 mg. A dose de 200 mg provocou uma alteração de temperatura inferior à do controlo negativo. O extrato aquoso provocou uma atividade antipirética inferior à do extrato etanólico.

O resultado indica que houve um aumento significativo nos índices hematológicos, sugerindo que *a Moringa oleifera* é útil na ativação imunitária nestes ratos.

Ambos os extractos demonstraram sensibilidade a alguns dos microrganismos testados de uma forma dependente da dose, mas não foram tão activos como o controlo positivo. Ambos foram resistentes a todo o organismo em doses inferiores a 200mg/kg. Os dados do etanol foram mais sensíveis a 200mg/kg e acima do que o extrato aquoso, uma vez que o aquoso só foi sensível a *E. coli* acima desta dose, enquanto *K. aerogenes* foi resistente a todas as doses do extrato de etanol. O extrato aquoso foi resistente a todos os organismos testados, exceto a *E. coli.* Tabela 5. Dentro do intervalo de sensibilidade do extrato de etanol, *S. typhi* provocou a zona de inibição (ZI) mais elevada de 8 mm na dose mais elevada, seguida de *S. aureus* e *E. coli* com 6 mm, mas *S. aureus* foi resistente a 200 mg em comparação com a ZI de E. coli de 3 mm na mesma dose. *P. mirabilis teve o ZI mais baixo* na dose mais elevada testada, o que também corroborou os dados de Vinoth (2012) em que o extrato de etanol foi ativo contra *S. typhi* e *S. aureus.*

Os resultados das análises fitoquímicas mostraram que os flavonóides foram mais activados em quantidade do que os outros fitoquímicos testados. Os flavonóides, que de acordo com (Mobh, 1938) podem modificar os alergénios, incluindo vírus e agentes cancerígenos, actuando assim como um modificador da resposta biológica. Além disso, estudos *in vitro* (Galeotti *et al.*, 2008) mostraram que os flavonóides podem ter propriedades antialérgicas (Spencer, 2008) e anti-inflamatórias (Yamamato e Gaynor, 2000). Sabe-se também que os alcalóides têm efeitos farmacológicos e são também utilizados como anestésicos locais e estimulantes. A cocaína, a cafeína, a nicotina, a morfina analgésica, a berberina antibacteriana e a quinina antimalárica são todos alcalóides (Manske, 1965). Os dados também revelaram que a concentração de fitoquímicos como taninos, saponinas, glicosídeos e terpenóides era relativamente baixa. Os taninos têm sido um agente ameliorador eficaz nos rins (Bajaj, 1998). Os taninos demonstraram ser um potencial agente antiviral, antibacteriano e antiparasitário (Lu *et al.*, 2004). No entanto, as saponinas são utilizadas como adjuvantes na produção de vacinas (Asl e Hossein, 2008).

As amostras histológicas do rim mostraram túbulos dilatados e também glomérulos aumentados. O fígado também mostrou necrose de hepatócitos, inflamação do trato portal, que pode ser o resultado dos efeitos dos extractos nos ratos que foram relatados por Adedapo *et al.*, (2009) na avaliação da segurança do extrato aquoso das folhas de *M. oleifera* em ratos, embora haja um aumento de ALT e AST neste estudo que corroborou o estudo de Preixoto et al, não se conhece informação suficiente sobre a atividade *da Moringa oleifera* no fígado e nos rins para indicar a sua segurança.

CAPÍTULO SEIS

Conclusão e recomendação

A partir do estudo, pode concluir-se que as folhas de *Moringa oleifera* têm efeitos supressores no *Plasmodium berghei* e efeito antibacteriano. Ambos os extractos exibiram atividade antipirética de uma forma dependente da dose, há um aumento dos glomérulos, dilatação do túbulo do rim e aumento das células do fígado que pode ser o resultado do efeito toxicológico dos extractos.

De acordo com os resultados do estudo, são apresentadas as seguintes recomendações:

- Devido ao consumo em grande escala desta planta em África e às suas funções protectoras, devem ser iniciados mais estudos toxicológicos, especialmente na utilização de corantes especiais para estudar os detalhes do efeito toxicológico.
- Com tecnologia moderna, o cultivo in-vitro da malária humana pode ser feito para verificar o efeito do extrato de *Moringa oleifera* em espécies humanas de *Plasmodium falciparum*.
- O consumo da planta deve ser efectuado com precaução em relação à quantidade.

REFERÊNCIAS

Ademola A. Oyagbemi. Temidayo O. O. Ibraheem O. A. John O. A. Rahamon A. M e Adedoku H. O. (2013) Avaliações toxicológicas do extrato metanólico de folhas de *Moringa oleifera* no fígado e rim de ratos Wistar machos: Nottidge.

Journal of Basic and Clinical Physiology and Pharmacology, **1:** 1-6.

Adedapo A. A, Mogbojuri O. M e Emiikpe B. O (2009) Avaliações de segurança do extrato aquoso das folhas de *Moringa oleifera* em ratos. *Jornal de Investigação de Plantas Medicinais* **3**(8) 586-591.

Asl, M e Hossein H, (2008) Revisão dos efeitos farmacológicos de Glycyrrhiza specie e dos seus compostos bioactivos, *Phytochemistry,* **66**: 24-709.

Associação Americana para o Avanço da Ciência (AAAS). (1992) Malaria and development in Africa, Cross section approach, US Agency for International Development Africa Bureau **14**(3) 41.

Antelman G, Msamanga G. I. U, e Sieegelman, D. (2000) Factores nutricionais e doenças infecciosas contribuem para a anemia das mulheres grávidas com VIH na Tanzânia. *Jornal de Nutrição*; **130**:1950-1957.

Bajaj Y P (1998) Medicinal and aromatic plants", Biotechnology in Agriculture and Forestry, Springer-Verlag, Berlin, pp. 24-25.

Blackclock D. B, Southwell T. A (1990) Guide to human parasitology. 10 Ed. Southwell Press.

Londres, p. 24-26.

Breman, J (2001) The ears of the hyppopotamus: manifestation determinants of the malaria burden. *American Journal Tropical Medicinal Hygiene* **64** :1-2.

Bruce-Chwatt, L. J e Zulueta, J. (1980) The Rise and Fall of Malaria in Europe: A Historico-Epidemiological Study Oxford UniversityPress, Oxford **2**: 24 - 32.

Centro de Controlo de Doenças, (1987): Chloroquine resistant *Plasmodium falciparum* malaria in West Africa MMWR Morbid Mortal Weekly Represent; **36**: 13-14.

Centro de Controlo de Doenças (2006) Chloroquine resistant *Plasmodium falciparum* malaria in West Africa morbid Mortal Weekly Represent. **36**:13-14.

Cogswell F. (1999) The hypnozoite and relapse inprimate malaria. *Clinical microbiology Review* **5**: 26-35.

Cheesbrough M. (1992) Medical Laboratory. Manual para países tropicais. University press.

Cambridge pp 221-250.

Dolly J., Prashant K. R., Amit, K., Shikha, M, e Geeta, W. (2009) Effect of Moringa oleitera leaves aqueous extract therapy on hyperglycemic rats. *Jornal de etno-farmacologia* **123:** 342-396.

Emmanuel O., Phyllis A., Michael F. O e Reimmel K. A (2015) Investigando as propriedades antiplasmodiais *in vivo* do extrato aquoso das folhas de *Moringa oleifera* Lam (Moringaceae). *British Journal of Pharmaceutical Research* **5**(6): 419430.

Ministério Federal da Saúde (1989) Guideline for malaria control in Nigeria República Federal da Nigéria (1) 5.

Fahey J. W (2005) *Moringa oleifera*: A Review of the Medical Evidence for Its Nutritional, Therapeutic, and Prophylactic Properties. Parte 1." *Trees for Life Journal* pp 5686.

Galeotti, F., Barile E., Curir P., Dolci, M. e Lanzotti, V. (2008) Flavonóides do cravo de *Dianthus caryophyllus* e atividade antifúngica. *Carta de Fitoquímica,* **1**: 44-60.

Garnham PCC (1966): Epidemias de malária em altitudes excecionalmente elevadas no Quénia. *British Medical Journal.* **11**:45-47.

Greenwood, B. e Mutabing, T. (2002) Malaria in Nature **415**: 670- 672.

Grimwade K., French, N., Mbatha, D. D., Zungu, D. D, e Dedicoat M. (2004) Infeção por VIH como cofator da malária Falciparum em adultos que vivem numa região de transmissão instável da malária na África do Sul. *SIDA*, **18**: 547-54.

Groove-Kopec, E., Kawano, M. e Klaver. (2005) Um recurso operacional em linha de monitorização da precipitação para o sistema de alerta precoce de malária epidémica em África. *Malaria Journal* **4**:6.

Kain K., Harrington, M., Tennyson, S., Keystone, J. (1998) Imported malaria: prospective analysis of problems in diagnosis and management. *Clinical Infectious Disease* **27**:142-9.

Killeen, G., fillinger, U., Kiche, I., Gouagna, L., e Knols, B. (2002) Eradication of Anopheles gambiae from Brazil; lessons for malaria control in Africa. *Lancet infectious Disease.* **2** (10): 618 - 627.

Layne, S. P. (2007): Principles of Infectious Disease Epidemiology *EPI 220 UCLA Department of Epidemiology* pp 92-105.

Lu, L., Liu, S., Jiang, S. e Wu, G. (2004) Tannin inhibit Hiv-1 entry by targeting gp41 *Ata - Pharmaceutica Sinica,* **25:** 8-21.

Medius, k., Sina, B., Marchesini, P. e Carter, R. (2001) The neglected burden of *Plasmodium falciparum. American Journal Tropical Medicinal Hygiene* **64** (1-2): 97-106.

Molineaux, L. e Grammiccia, G. (1980) The Garki project: research on the epidemiology and control of malaria in the Sudan Savanna of west Africa. Organização Mundial de Saúde. Genebra. Pp 257- 259.

Manske, R. H. (1965) The Alkaloids. Chemistry and Physiology", Vol. **VIII**, Nova Iorque.

Academic Press, pp. 673.

Mashiar, M. R., Mominul I. S., Shamima A. S., Soriful M. J., Atikur M. R., Mizanur M. R. e Alami M. F. (2011) Antibacterial activity of leaf juice and extracts of *Moringa oleifera* Lam against some human pathogenic bacteria, **6**(2); pp 24-28.

Mobh S. (1938) Research for Vitamin B. *The Journal of Biotechnology*, **4**: 2-6.

Murphy S., Harrson T., Hamm H., Lomasney J e Moliandas N. H. (2006) Erythrocyte G protein as a novel target for malaria chemotherapy PL.S med, 3(12): 528.

Olson, M. E. (2002) Amplified fragment length polymorphism (AFLP) analysis of genetic variation in *Moringa oleifera* Lam. *Molecular Ecology,* **8**(3): 463-470.

Oniyangi O. e Omari, A. A. A. (2006) Malaria chemonprophylaxisin sickle cell disease.

Revisão do Sistema de Base de Dados Cochrane, CD00389.

Owotade, F. J, Adebiyi, K. E., Kehinde E. A. e Aboderin, O.A (2006) Is malaria a predisposing fator for third molar pericoronitis in the tropics? *Jornal de Infeção,* 53: 56-9.

Peixoto, J. R., Silva G. C, Costa R. A, de Sousa Fontenelle J. R, Vieira G. H, Filho A. A, e dos Fernandes Vieira R. H. (2011) In vitro antibacterial effect of aqueous and ethanolicMoringa leaf extracts Copyright. Faculdade de Medicina de Hainan. Publicado *por Elsevier B.V.PMID*: **4** (3): 201- 204

Peter I.T., Anatoli V. K. (1998) The current global malaria situation. Malaria parasite biology, pathogenesis, and protection. Imprensa ASM. *WDC*. pp. 11-22.

Peters, W. (1965) Drug resistance in *Plasmodium berghei*. Resistência à cloroquina. *Experimental Parasitology*. **17:** 80-89.

Philipe G., Marcella M., Marjan V. E., Jef, Van den E., e Jan, J. (2009) Assessment of the prozone effect in malaria rapid diagnostic tests; *Malaria Journal* **8**: 271.

Rahman M. M,, MominulSheikh, M., Shamima, A.S., Soriful Islam, M. M,. Atikur R.M., Mizanur R., andAlam, M. F. (2011) Antibacterial Activity of Leaf Juice and Extracts of *Moringa oleifera* Lam. against Some Human Pathogenic Bacteria *Asian Pacific Journal of Tropical Medicine*. **4**

(3):201- 204.

Sofowora, E. A. (1982) Medicinal Plants and Traditional Medicine in African. Chichester, John Willey and Sons, Londres. pp. 109-111.

Roloff, A, Weisgerber H, Lang, U., e Stimm B. (2009): Moringa oleifera" Weinheim 978-3

Snow, R.W., Guerra C. A., e Nor A.M. (2005) A distribuição global de episódios clínicos de *Plasmodium falciparum. Malaria Nature ;* **434**: 214 - 217.

Thilza, I. B., Sanni, S., Zakari, A. I., Sanni, F.S., Muhammed, T., e Musa B. J. (2010) Atividade antimicrobiana invitro do extrato aquoso do caule da folha de Moringa oleifera em bacreria normalmente implicada em doenças oculares. *Academia Arena*, **2**(6):80-82.

Tinto, H., Rwagacondo, C., e Karema, C. (2005) In-vitrosusceptibilidade do plasmodium falciparum à monodesetlylamodiaquine, dihydrocritesini e quinina numa área de elevada resistência à cloroquina em Rivanda. *Transsction of the Royal Society of Tropical Medicine and Hygiene* **100**: 509-514.

Trampuz, A., Ereb, M., Muzlovic, I., Prabhu, R. M. (2005) Clinical review: severe malaria. *Critical Care* **7**:315-23.

Trease, G. E. e Evans, M. D. (1989) ATextbook of Pharmacognosy. Builler Tindall and Caussel, 13th ed. Londres. pp. 176-180.

Ugwu, O. P.C., Nwodo, O. F. C., Joshua, P. E., Christian E. O. D., Bawa, A. , Ossai E. C., e Adonu, C. C. (2013) Antimalária e análises hematológicas do extrato de folha de etanol de *Moringa oleifera* em ratos infectados com malária. *Jornal Internacional de Farmácia e Ciências Biológicas* **3** (1): 360-371.

Vinoth, B., Manivasagaperumal, R., Balamurugan, S. (2012) Análise fitoquímica e atividade antibacteriana da *Moringa oleifera. Revista internacional de pesquisa em ciências biológicas*: **2**(3); 98-102.

OMS (1997) World malaria situation in 1994. Registo Epidemiológico Semanal **72**: 269-276.

Yamamato, G. e Gaynor F. (2000) The therapeutic potential of inhibition of NF-Kb pathway in the treatment of inflammation and cancer" *Journal of clinical investigation,* **107:** 2-135.

Apêndice i

Coloração de Giemsa

Preparado com a seguinte fórmula.

Para preparar cerca de 500 ml:

Giemsa em pó 3..., 8g

Glicerol (glicerina) 250ml

Metanol (álcool metílico) .... 250 ml

1 Pesar o Giemsa num pedaço de papel limpo

(previamente pesada) e transferir para um frasco castanho *seco* de 500 ml que contenha algumas esferas de vidro. *Nota*: A coloração de Giemsa estraga-se se entrar água na solução-mãe durante a sua preparação ou armazenamento.

2 Com uma proveta *seca*, medir o metanol e adicionar à coloração. Misturar bem. ***Atenção***: O metanol é tóxico e altamente inflamável, pelo que deve ser manuseado com cuidado e utilizado longe de uma chama aberta.

3 Utilizando a mesma proveta, medir o glicerol e adicionar à coloração. Misturar bem.

4 Colocar o frasco de corante num banho de água a 50-60 °C ou, se não estiver disponível, a 37 °C, durante um máximo de 2 horas para ajudar o corante a dissolver-se. Misturar bem nos intervalos.

5 Rotular o frasco e marcá-lo como *Inflamável e Tóxico*. Conservar à temperatura ambiente no escuro. Se for mantido bem fechado, o corante mantém-se estável durante vários meses. *Modo de utilização*: Filtrar uma pequena quantidade do corante para um recipiente de distribuição de corantes *secos*.

Solução salina fisiológica, 8,5 g/l (0,85% p/v)

Para fazer 1 litro:

Cloreto de sódio 8..., 5g

Água destilada .... para 1 litro

1 Pesar o cloreto de sódio e transferi-lo para um frasco estanque previamente marcado para conter 1 litro.

2 Adicionar água destilada até à marca de 1 litro e misturar até o sal estar completamente

dissolvido.

3 . Rotular o frasco e conservá-lo à temperatura ambiente. O reagente é estável durante vários meses. Deitar fora se estiver contaminado

Líquido diluidor de leucócitos

Para preparar 100 ml:

Ácido acético glacial .... 2 ml

Água destilada98 .... ml

Violeta de genciana, 1% p/v* 2ml *Preparar dissolvendo 0,1 g de violeta de genciana em 10 ml de água destilada e filtrar.

1 Encher uma proveta de 100 ml com água destilada até à marca dos 98 ml.

2 Adicionar 2 ml de ácido acético concentrado (glacial) e misturar.

Precaução: O ácido acético glacial é um produto químico corrosivo com um vapor irritante, pelo que deve ser manuseado com cuidado e numa sala bem ventilada. *Não* pipetar com a boca (utilizar uma pipeta de enchimento).

3 Adicionar a solução de violeta de genciana e misturar. Transferir para um frasco de armazenamento e rotular. Conservar no escuro à temperatura ambiente.

Ágar MacConkey

Este meio é melhor preparado a partir de pó desidratado pronto a usar, disponível na maioria dos fornecedores de meios de cultura.

Conteúdo: Peptona, lactose, sais biliares, cloreto de sódio, vermelho neutro, ágar.

O meio é geralmente utilizado numa concentração de 5,2 g por cada 100 ml de água destilada.

1 Preparar de acordo com as instruções do fabricante. Esterilizar por autoclavagem a 121 _C durante 15 minutos.

2 Quando o meio tiver arrefecido até 50-55 _C, misturar bem e distribuir assepticamente em placas de Petri estéreis. Datar o meio e atribuir-lhe um número de lote.

3 Armazenar as placas a 2-8 _C, de preferência em sacos de plástico para evitar a perda de humidade.

Ágar nutriente

Este meio é melhor preparado a partir de pó desidratado pronto a usar, disponível na maioria dos fornecedores de meios de cultura.

Conteúdo: Peptona, pó *Lab-Lemco*, extrato de levedura, cloreto de sódio, ágar.

O ágar nutriente é geralmente utilizado numa concentração de 2,8 g por cada 100 ml de água destilada (a concentração pode variar consoante o fabricante).

1. Preparar de acordo com as instruções do fabricante. Esterilizar por autoclavagem a 121 _C durante 15 minutos.

2. Dispensar assepticamente as quantidades necessárias (ou seja, 3 ml para fazer ágar nutriente em declive, 5 ml para fazer ágar nutriente em profundidade, ou as quantidades necessárias para fazer ágar sangue ou outros meios). Datar o meio e atribuir-lhe um número de lote.

3. Conservar num local fresco e escuro.

Apêndice ii

Placa 10: mostra alguns dos ratinhos utilizados durante a experiência

Placa 11: mostra algumas das lâminas de película fina preparadas a partir do sangue dos ratinhos

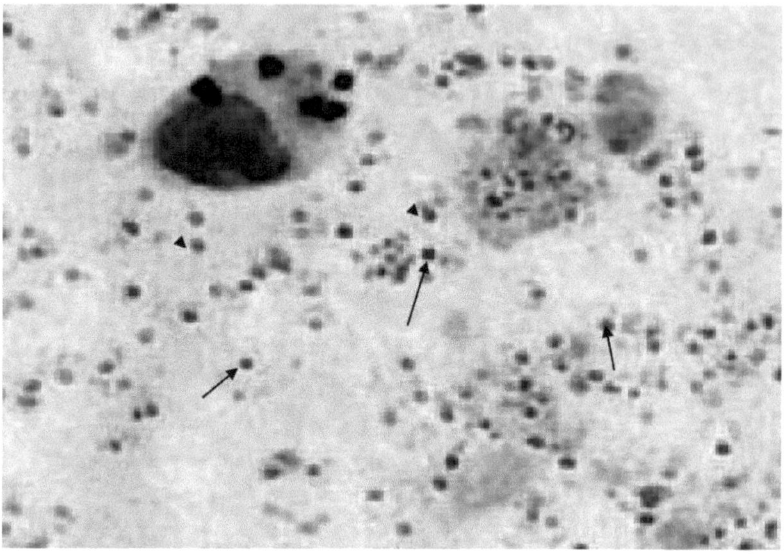

Placa 12: Lâmina corada do sangue de ratinhos infectados com numerosos parasitas da malária, indicados por setas

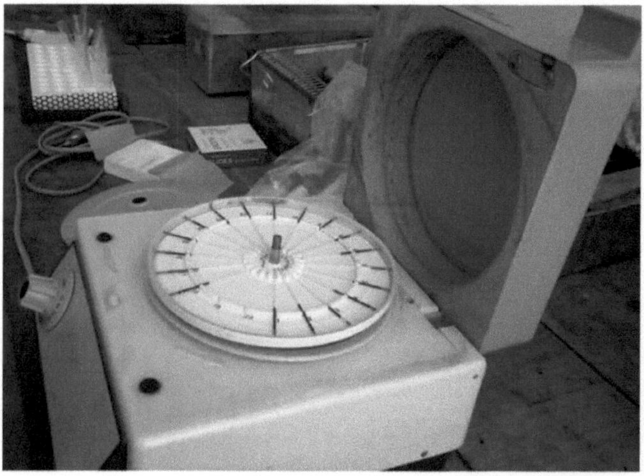

Placa 13: A máquina de hematócrito utilizada para o volume de células compactadas (PCV).

MIX
Papier aus verantwortungsvollen Quellen
Paper from responsible sources
FSC® C105338

Printed by Books on Demand GmbH, Norderstedt / Germany